# 確率概念の近傍
## ベイズ統計学の基礎をなす確率概念

園 信太郎 著

内田老鶴圃

本書の全部あるいは一部を断わりなく転載または複写(コピー)することは，著作権および出版権の侵害となる場合がありますのでご注意下さい．

# 序　文

　統計学の本体部分は，実務的，記述的，そして実証的である．だが，推定および検定に関わる際に「確率」とつきあうこととなる．結局，統計家は，「確率とは何か，それはどうあるべきか」，「確率が「ある」とはいかなることか」という問を黙然と荷うこととなる．

　この冊子の第1章は，「確率」を定義することから始まる．さらにまた，ダッチ・ブック排除の原則を活用して，「確率」の加法法則，乗法法則，および条件つき確率の定義の合理的根拠が探査される．

　第2章では，「確率」に基づく推定が言及される．そこでは，レナード・ジミィ・サヴェジによる安定推定の原理が提示される．尤度関数によって「自然に」定義される確率密度が，事後的推定において基本的な役割を荷うのである．

　第3章では，いわゆる有意性検定の合理的根拠にあえて疑問符を打つこととした．「常識」とされる事柄の根拠をあえて問うのである．

　第4章では，「行為の選択」としての決定の合理性が追求される．「確率」および「価値」に関わる潜在的な量化可能性の下での「合理的な」決定とは，実は，決定者による自身の期待効用の最大化であることが，指摘される．

　第5章では，ブルーノ・デ・フィネッティによるある表現定理への簡略な，しかし重要な言及を行う．そこでは，「個」が，相対的頻度として「確率」を捉えるに至る状況が分析される．つまり，主観確率と頻度論的確率とによる概念的二分法は必要ないのである．それゆえこの冊子の本文では，「主観確率」という言葉は用いずに，簡潔に「確率」としてある．

　付録Aは，サヴェジ氏の論理の要約である．付録Bは個人的期待値作用素への概念規定である．付録Cは文献表であるが，どうか気楽に眼を通してもらいたい．

　それにしてもなぜ古典なのか？　先人の苦闘から学び得るとすれば，その「得」とは何か？　読者諸賢よ，とにかく「この心のコンパス」が，その一点を指し示すのみではないのか．

2014年3月

園　信太郎

# 謝　　辞

　何よりもまず北海道大学大学院経済学研究科の教職員諸賢への感謝を記したい．諸賢は古典の読解と言う一個の朴学に寛容であり続けた．次に，内田老鶴圃社長，内田学氏への謝意を記さずにはおられない．内田社長はこの冊子の出版をあえて決断されたのである．また，編集を担当していただいた笠井千代樹氏への謝意も忘れるわけにはいかない．融通のきかない文章とじっくりとつきあっていただいたのである．さらにまた，旧友にして畏友である，吉野諒三，奥村雄介，両氏への深甚なる感謝を記す．両氏との会話は脳髄への健全で得難い刺激であり続けている．

　最後に，リハビリ中の，鈴木雪夫，吉野悦雄，両先生の益益の回復をここに祈念しておきたい．幸あれ．

# 目　次

序　文 ······································································································ i
謝　辞 ······································································································ ii

## 第 1 章　Bruno de Finetti の若き日の確率 ································· 1
　1.1　確率 ······························································································ 1
　1.2　Dutch book 排除の原則 ······························································ 2
　1.3　「1」の法則 ···················································································· 3
　1.4　凸性 ······························································································ 3
　1.5　分割法則 ······················································································ 4
　1.6　加法法則 ······················································································ 4
　1.7　条件つき確率 ················································································ 5
　1.8　条件つき「かけ率」と乗法法則 ···················································· 5
　1.9　「かけ率」と確率算の公理 ···························································· 7
　1.10　「逆」が従う ················································································ 7
　1.11　論点 ···························································································· 9

## 第 2 章　Leonard Jimmie Savage による事後的近似 ·············· 11
　2.1　安定推定の原理 ·········································································· 11
　2.2　三つの仮定 ·················································································· 12
　2.3　評価式の導出 ·············································································· 14
　2.4　注意点 ························································································ 17

## 第 3 章　有意性検定は合理的か？ ·············································· 19
　3.1　Howard Raiffa による固定化と tilde 記法 ······························ 19
　3.2　鋭敏ないわゆる帰無仮説 ···························································· 19
　3.3　Bayes' rule の応用 ···································································· 20
　3.4　ある近似式 ·················································································· 20
　3.5　有意性検定について ···································································· 21

|  |  |  |
|---|---|---|
| 3.6 | Common sense からの批判 | 22 |
| 3.7 | ある講義録 | 22 |

## 第4章　潜在的な定量化について　25

|  |  |  |
|---|---|---|
| 4.1 | 無差別性の非自明性 | 25 |
| 4.2 | 基本的設定 | 26 |
| 4.3 | 標準基および仮説1 | 28 |
| 4.4 | 測量可能性および仮説2 | 28 |
| 4.5 | 推移性（仮説3） | 29 |
| 4.6 | 代替可能性（仮説4） | 30 |
| 4.7 | 命題たち | 31 |
| 4.8 | 効用関数の存在と「実質的な」一意性 | 33 |
| 4.9 | 条件つき確率 | 34 |
| 4.10 | 前事後分析 | 34 |
| 4.11 | 課題および論点 | 35 |

## 第5章　未知固定確率　37

|  |  |  |
|---|---|---|
| 5.1 | 何が論点なのか？ | 37 |
| 5.2 | de Finetti の表現定理 | 38 |
| 5.3 | 隠される論点 | 38 |
| 5.4 | 頻度論的見解の浮上 | 39 |

## 付録A　レナード・ジミィ・サヴェジの論理　41

|  |  |  |
|---|---|---|
| A.1 | はじめに | 41 |
| A.2 | 選好および規範的公準観 | 42 |
| A.3 | 「この世界」の状態と「むくい」としての結果 | 44 |
| A.4 | 「生涯にわたるポリシー」の現実性と目的概念 | 44 |
| A.5 | The sure-thing principle および条件つき選好 | 46 |
| A.6 | 結果の間の選好と第三公準 | 47 |
| A.7 | 定性的個人的確率 | 48 |
| A.8 | 確率の定量化とP6′ | 50 |

A.9　条件つき確率の概念……………………………………………53
  A.10　効用関数の存在………………………………………………54
  A.11　第七公準と期待効用の拡張…………………………………55
  A.12　補遺―なぜ古典か？―………………………………………56

**付録 B　サヴェジ基礎論における期待値作用素概念について**……… **59**
  B.1　はじめに…………………………………………………………59
  B.2　Lebesgue 式近似和………………………………………………60
  B.3　積分の定義………………………………………………………61
  B.4　定義域に関する加法性…………………………………………64
  B.5　順序を弱く保つ…………………………………………………65
  B.6　線形性……………………………………………………………66
  B.7　期待値および半期待値という言葉……………………………68
  B.8　効用関数の有界性………………………………………………68
  B.9　補遺 1―区間の概念―…………………………………………69
  B.10　補遺 2―Banach 極限―………………………………………69
  B.11　補遺 3―選択公理―…………………………………………70

**付録 C　いくつかの文献**……………………………………… **71**

# 第 1 章 Bruno de Finetti の若き日の確率

## 1.1 確率

「この大学のキャンパスのどこかで明日の午前中に雨が降る場合には，この券を所有している方に 100 円を謹呈するが，他の場合には何も謹呈しない」という「くじ券」を，「あなた」が「彼女」から提示されたとする．「彼女」は「あなた」がその券を購入することを期待しているのだが，「あなた」はいくらまで支払う覚悟があるのかが問われているとする．ここで約束は必ず履行されるとし，「あなた」は自身における想像上の実験に訴えて，問題の額を定めるものとする．その額が 73 円であるらしいとなれば，「あなた」にとっての「雨が降る確率」は $73/100 = 0.73$ となる．

この「確率」とは，1 円当たりいくらまで「あなた」は支払うのかを示す指標であるが，人が代われば当然変化し得るし，一方，問題の「その雨」は一度限りの事象である．なお 100 円という額は，「あなた」にとって少なすぎず多すぎない値として選ばれたものである．

この「確率」を洗練して捉えることとする．事象 $A$（当然一度限り）に対して You は「かけ率」$p$ を告げる．一方，She は後出しで「かけ金」$S$ を定める．$A$ が通用すれば，You は $pS$ を She にわたし，She から $S$ を受け取る．つまり She の取り分は $pS - S$ となる．$A$ が通用しない場合には，You は She に $pS$ を差し出すが，She からは何も受け取らない．つまり $pS$ が She の取り分となる．ここで，$p$ はいかなる実数値をも取り得るとし，後出しの $S$ は，正零負いずれともなり得るとする．例えば，負のかけ金 $S$ が You にわたるとは，You から She に $-S$ が支払われることを意味する．

ところで事象だが，これは「できごと」に他ならない．いかにささやかではあっても「できごと」は一意的であり一回限りである．「雨が降る」という現象は繰り返すが「その雨」という事象は一回限りである．事象を命題として捉えることは自然だが，一方，集合として捉える方が機能的である．ここで少なくとも二つの事象が考えられる．一つは全事象であり，これは「常に通用する事象」であり，他は空事象であり，これは「通用することが決してない事象」である．特定の一枚のコインを投げ上げて，裏（T）か表（H）かを観察するという作業を四回繰り返すという試行を考えると，この試行の可能な結果の全体，

{TTTT, TTTH, TTHT, TTHH, THTT, THTH, THHT, THHH, HTTT, HTTH, HTHT, HTHH, HHTT, HHTH, HHHT, HHHH}

は，この試行に対応する全事象であり，結果が一つも属さない空集合 $\emptyset = \{\}$ は空事象である．さらにまた TTTT などの各結果は根元事象と呼ばれる．全事象の部分集合はどれであれ事象と呼ばれる．全事象を表す記号を $\Omega$ としておく．$\emptyset$ は任意の集合の部分集合である．

You と She の間では複数の取引が行われ得る．実際，例えば，事象 $A$ とその余事象 $\sim A = \Omega - A$ とに対して，You は各「かけ率」$p$ および $q$ を告げ得るし，これに対して She は，各「かけ金」$S_1$ および $S_2$ を後出しし得る．

## 1.2　Dutch book 排除の原則

全事象に対する分割 $(A_i; i = 1, \cdots, n)$，$n$ は正の整数を考える．すなわち

$$\Omega = \bigcup_{i=1}^{n} A_i \text{ かつ } A_i A_j = A_i \cap A_j = \emptyset \, (i \neq j)$$

とする．分割は任意有限個の空事象を項として含み得る．例えば，$(A, B)$ が $\Omega$ に対する分割ならば，$(A, \emptyset, \emptyset, B, \emptyset, \emptyset, \emptyset)$ も同様である．

分割の各項 $A_i$ に対して，You は「かけ率」$p_i$ を告げ，She は「かけ金」$S_i$ を後出しすると想定する．$A_i$ が通用すれば，She の取り分の全体 $G_i$ は，

$$p_1 S_1 + \cdots + p_{i-1} S_{i-1} + (p_i - 1) S_i + p_{i+1} S_{i+1} + \cdots + p_n S_n$$

となる．すなわち，
$$G_j = \sum_{i=1}^{n} (p_i - \delta_{ij}) S_i.$$

ここで，各 $i$ に対して $G_i > 0$ ならば，いかなる場合においても She の取り分は正，つまり You はいかなる場合でも損をすることとなる．このような状況を，She は You に対して Dutch book（D. b. と略す）を仕掛けていると表現する．当然 You は D. b. を仕掛けられないように「かけ率」を選ぶはずである．つまり You が自身にとっての最小限の合理性を欲するとすれば，自身への D. b. の排除という原則に立つこととなる．

この原則は分割とは限らない，事象の（空ではない）有限列に対しても当然（You によって）採用される．

## 1.3 「1」の法則

全事象に対する You の「かけ率」は 1 でなければならない．なぜか？ $\Omega$ は「常に通用する事象」である．つまり She の取り分は $(p-1)S$ である．

$$p < 1 \text{ ならば } S < 0,$$
$$p > 1 \text{ ならば } S > 0$$

とすれば She の取り分は常に正である．したがって，D. b. 排除の原則により，You は $p = 1$ とせざるを得ない．

## 1.4 凸性

$A$ を任意の事象とする．You の $A$ に対する「かけ率」は 0 以上 1 以下でなければならない．なぜか？ $A$ が通用する場合の She の取り分は

$$(p-1)S, \quad \sim A \text{ だと } pS.$$

したがって，

$$p<0 \text{ だと } S<0,$$
$$p>1 \text{ だと } S>0$$

としてD.b.. ゆえに，D.b.排除の原則により $0 \leq p \leq 1$.

## 1.5 分割法則

1.2節での分割を考える．すると
$$\sum_{i=1}^{n} p_i = 1$$
でなければならない．なぜか？ 問題の総和を $p$ とし，
$$S = S_i, \quad i = 1, \cdots, n,$$
とする．すると She の取り分は，どの場合でも $(p-1)S$ となる．したがって D.b.排除の原則により，You は $p=1$ とせざるを得ない．

## 1.6 加法法則

事象 $E$ に対して You が対応させる「かけ率」を $P(E)$ と表記してみる．
$A$ および $B$ を互いに排反とする．すなわち
$$A \cap B = \emptyset \quad (\text{disjoint})$$
である．すると和事象の「かけ率」は各「かけ率」の和となる．すなわち，
$$P(A \cup B) = P(A) + P(B)$$
が成立する．これが加法法則だが，なぜか？ 分割法則によって，
$$1 = P(\sim(A \cup B)) + P(A \cup B),$$
$$1 = P(\sim(A \cup B)) + P(A) + P(B)$$
となるが，これより問題の等号が従う．逆はどうか？ 加法法則および数学的帰納法により，互いに排反な空でない事象列 $(A_i; i=1,\cdots,n)$ に対して，

$$P\left(\bigcup_{i=1}^{n} A_i\right) = \sum_{i=1}^{n} P(A_i)$$

となる．そこで「1」の法則を仮定すれば，

$$\bigcup_{i=1}^{n} A_i = \Omega$$

の場合に分割法則が従う．

つまり，分割法則と「加法法則かつ「1」の法則」とは同値である．

## 1.7　条件つき確率

1.1 節の「その雨のくじ券」の例を少し変形する．「ただいま接近しつつある例の台風が某地点に明日の正午までに上陸するのならば，「その雨」に関する取引は有効だが，この正午までの上陸が通用しないのならば，「その雨」に関する取引は無効である」という「くじ券」を想定する．約束は必ず履行されるものとし，また「無効」とは売り手に差し出した買い手の代金が戻され，取引は取り止めとなり，したがって両者共に損得なしとなることとする．この「条件つきのくじ券」に「あなた」はいくらまで払う覚悟があるであろうか．もし 100 円に対して 91 円ならば，「あなた」の「その台風が与えられている場合の，その雨の条件つき確率」は，0.91 となる．この「条件つき確率」を洗練して捉えることとする．

## 1.8　条件つき「かけ率」と乗法法則

「事象 $F$ が与えられている場合の，事象 $E$ に関する取引」を象徴的に $E|F$ と表記する．You は $E \cap F$, $E|F$, および $F$ に対して各「かけ率」$p$, $q$, および $r$ を対応させ，She は後出しで各「かけ金」$S_1$, $S_2$ および $S_3$ を差し出すものとする．ここで $q$ は条件つき「かけ率」と呼ばれるが，$F$ が通用しない場合には，取引 $E|F$ において，$qS_2$ は You に，$S_2$ は She に戻され，共に損得なしだが，$F$ が通用する場合には，取引 $E|F$ において，さらに $E$ が通用すれば

$qS_2$ は She にわたり，一方，$S_2$ は You にわたり，$E$ が通用しなければ $qS_2$ が She にわたるのみである，という状況に関する「かけ率」である．

そこで $\Omega$ を $EF$，$(\sim E)F$ および $\sim F$ へと三分割し，各に対応する She の取り分を $G_1, G_2$ および $G_3$ とすると次が従う．

$$G_1 = (p-1)S_1 + (q-1)S_2 + (r-1)S_3,$$
$$G_2 = pS_1 + qS_2 + (r-1)S_3,$$
$$G_3 = pS_1 + 0 + rS_3.$$

特に，$(S_1, S_2, S_3) = (1, -1, -q)$ と置くと $G_i = p - qr, \forall i$，また $(S_1, S_2, S_3) = (-1, 1, q)$ と置くと $G_i = qr - p, \forall i$，である．したがって，D. b. 排除の原則により，$p = qr$ とせざるを得ない．なお，かけ金の You にとっての大小が問題となる場合には，例えば，正の定数 $\varepsilon$ を掛ければよい．

ここで $q$ を $P(E|F)$ と表記し，1.6 節での表記法を採用すれば，

$$P(E \cap F) = P(E|F)P(F)$$

が従う．これは乗法法則と呼ばれる．注意すべきは，$r = 0$ の場合，$p = 0$ であり，$q$ は任意の値を取り得ることであり，乗法法則は，$0 = q \times 0$ へと「退化」する．また，

$$P(E|F) = \frac{P(E \cap F)}{P(F)},$$
$$P(F) \neq 0,$$

が従う．ここで乗法法則より $P(E \cap F) = P(F \cap E) = P(F|E)P(E)$ であるから，

$$P(E|F) = \frac{P(E)P(F|E)}{P(F)},$$
$$P(F) \neq 0,$$

となる．これは Bayes' rule に他ならない．

なお $P(A|\Omega) = P(A), \forall A$，である．

## 1.9 「かけ率」と確率算の公理

D. b. 排除の原則より，「1」の法則，凸性，分割法則，加法法則，乗法法則，条件つき「かけ率」の公式，Bayes' rule が導出された．これらは（You にとっての）「かけ率」に関するものだが，これを（You にとっての）確率と呼ぶこととする．すると確率は次の四つの性質を持つ．

（1） $P(\Omega) = 1$.
（2） $P(A) \geq 0$, $\forall A$.
（3） $A \cap B = \emptyset \Rightarrow P(A \cup B) = P(A) + P(B)$.
（4） $P(A \cap B) = P(A)P(B|A)$.

これらを確率算の公理と呼ぶ．つまり D. b. 排除の原則から確率算の公理が従うのである．

これらの公理から

$$P(\emptyset) = 0, \quad \Omega \neq \emptyset, \quad A \subset B \Rightarrow P(A) \leq P(B),$$

が従う．実際，$\emptyset = \emptyset \cup \emptyset$ および加法法則（3）より，$P(\emptyset) = P(\emptyset) + P(\emptyset)$ で，「かけ率」は実数値なので $P(\emptyset) = 0$．また，これと（1）および $0 \neq 1$ より $\Omega \neq \emptyset$．一方，$A \subset B$ および（3）より $P(B) = P(A) + P(B-A)$ で，非負性（2）より $P(B-A) \geq 0$．ゆえに $P(A) \leq P(B)$．

各事象対 $E|F$ に実数を対応させる関数が確率算の公理を満たす場合，その関数を「確率」と呼ぶこととする（ただし，事象対 $E|\Omega$ と事象 $E$ とを同一視しておく）．ところで逆に，確率算の公理が通用する状況で D. b. 排除の原則は満たされるのであろうか？

## 1.10 「逆」が従う

1.2 節の状況を考える．非負の $p_i$ の総和を 1 とする．ここで You から見た場合の She の取り分の期待値を考えると，それは

$$\sum_{i=1}^{n} p_i G_i$$

となる．ところが，各$S_j$の係数および$p_i$の総和が1であることに注意すると，それらの係数は皆0となる．したがって，

$$\sum_{i=1}^{n} p_i G_i = 0.$$

もしSheが各取り分を正にできるのならば，少なくとも一つの$p_i$は正なので，問題の期待値は正となり0にはならない．ゆえにD.b.は成立しない．

1.8節の状況を考える．$p = qr$とする．ここでYouから見た場合のSheの取り分の期待値を考えると，それは

$$pG_1 + (1-q)rG_2 + (1-r)G_3$$

となる．ここで$p = qr$に注意すると，

$S_1$の係数は $p(p-1)+(1-q)rp+(1-r)p = p(p-1+r-qr+1-r)$
$= 0$,

$S_2$の係数は $p(q-1)+(1-q)rq+(1-r)0 = -p(1-q)+p(1-q) = 0$,

$S_3$の係数は $p(r-1)+(1-q)r(r-1)+(1-r)r = qr(r-1)+(1-q)$
$r(r-1)-r(r-1) = r(r-1)(q+1-q-1) = 0$ となり，

$$pG_1 + (1-q)rG_2 + (1-r)G_3 = 0$$

が従う．もし，$r = 0$ならば$p = qr = 0$であるから，$G_3 = 0$となり，D.b.は成立しない．以下$r \neq 0$とする．確率算の公理（2）より$r > 0$．$EF \subset F$より$p \leq r$．したがって，$0 \leq p/r \leq 1$であり，$0 \leq q \leq 1$となる．ゆえに$G_2$の係数$(1-q)r$は非負である．また他の二つの係数も共に非負．一方，これら三係数の総和は1．つまり少なくとも一つは正．もし$G_i > 0$，$\forall i$，ならば，問題の期待値は正となり0にはならない．ゆえにD.b.は成立しない．

つまり，確率算の公理（1）（2）（3）（4）をYouが採用するのならば，SheがYouにD.b.を仕掛けることは不可能である．

## 1.11　論点

　以上の議論は Gillies（2000）に基づく．ただしそこでは，$r=0$ と $r \neq 0$ とで場合分けをし，後者の場合は $q$ が 0 以上 1 以下となることを示す手順が欠落しており，また少し論理の混乱がある．なお You は端的に「あなた」なのだが，例えば Good（1962）に見られるように，これをより一般的な意味で使用する流儀もある．

　ここで導入した確率概念は Bruno de Finetti が学生の頃に気づいたものだが，例えば de Finetti（1937）で利用されている．ただしそこで彼は，D. b. 排除の原則から乗法法則が従うことは示していても，その逆を明確には示していない．しかも彼は，彼自身が提示したこの確率概念を後年に拒絶するようになる．それは「貨幣に対する価値尺度」，つまり「貨幣の効用」が考察されていないことによる．確かにこの確率概念は価値尺度の概念に依存しているが，それは「漠然とした」依存であり，効用関数の具体的形状には関わっていない．なお Leonard Jimmie Savage は，若き日の de Finetti の流儀を一貫して高く評価している．

# 第2章 Leonard Jimmie Savage による事後的近似

## 2.1 安定推定の原理

「$x$ を「観察値」とし $\lambda$ を「母数」とする．$\lambda$ の事前分布の密度関数 $u(\lambda)$ が，$\lambda$ の尤度関数と比較して「相対的に穏やか」で，しかもその尤度関数が「相対的に集中的」ならば，その尤度関数から自然に定義される密度関数によって，$\lambda$ の事後分布の密度関数 $u(\lambda|x)$ が事後的に近似される」という主張が安定推定の原理である．

この「原理」は経験上広く知られていたはずなのだが，明確な定式化は Leonard Jimmie Savage による．$\lambda$ が与えられている場合の $x$ の密度関数を $v(x|\lambda)$ とすると，ここでは $x$ を与えられている「観察値」とするので，この $\lambda$ の関数は（推論を行おうとする）個人の尤度関数に他ならない．そこで，

$$w(\lambda|x) = \frac{v(x|\lambda)}{\int d\lambda' v(x|\lambda')}$$

と置くと，これは $\lambda$ の密度関数である．ただし，ここで $\int$ は「意味を持つ母数の全域にわたる」とする．例えば，「この地区での満 15 歳男子の平均身長および平均体重」を問題とする場合，この「平均」が負とか 1 mm や 1000 kg になることはないので，これらの「意味を持たない母数」は積分域から排除される．$\lambda$ の事後密度 $u(\lambda|x)$ をこの $w(\lambda|x)$ で近似するのである．問題は「相対的に穏やか」とか「相対的に集中的」とかをどう捉えるかである．なお安定推定の原理は精密測定の原理と呼ばれることもある．

$w(\lambda|x)$ の定義においては，分母が 0 と $\infty$ との間にあることが暗黙のうち

に仮定されている．一方，事後密度は，Bayes' rule により，

$$u(\lambda|x) = \frac{v(x|\lambda)\,u(\lambda)}{\int v(x|\lambda')\,u(\lambda')\,d\lambda'}$$

だが，ここでも分母が 0 と ∞ との間にあることが仮定されている．また以下，

$$w(C|x) = \int_C w(\lambda|x)\,d\lambda,$$

$$u(C|x) = \int_C u(\lambda|x)\,d\lambda,$$

と略記することもある．すると，

$$\frac{u(C|x)}{w(C|x)}, \quad w(C|x) \neq 0,$$

$$u(C|x) - w(C|x),$$

を評価することとなる．

## 2.2　三つの仮定

母数空間の任意の事象 $B$ を固定しておいて三つの仮定を導入する．

**仮定 1．** ある正の実数 $\alpha$ が存在して，

$$\int_{\sim B} w(\lambda|x)\,d\lambda \leq \alpha \int_B w(\lambda|x)\,d\lambda.$$

**仮定 2．** ある正の実数 $\beta$ および $\varphi$ が存在して，

$$\varphi \leq u(\lambda) \leq (1+\beta)\varphi, \quad \forall \lambda \in B.$$

**仮定 3．** ある正の実数 $\gamma$ が存在して，

$$\int_{\sim B} u(\lambda|x)\,d\lambda \leq \gamma \int_B u(\lambda|x)\,d\lambda.$$

ここで，$\alpha$, $\beta$ および $\gamma$ は微小な正の実数であることが望まれている．また $\varphi$ は漠然とした正の定数でかまわない．なお仮定 3 だが，事後密度そのものは不明なのだから，この不等式の適否は不明だと見なされるかもしれない．しかし仮定 1 および 2 のもとで次のようにして十分条件を出せる．

まず次の仮定を導入する．

# 統計学への漸近論，その先は

## 学の測度論的枠組み
布と確率空間　母集団と標本／と無限母集団／統計学の目う概念
出　無作為抽出とは？／サン→∞のときの確率空間
デルと統計的実験　確率変数の分布と統計モデル／統計的と推定量
いる記号と表記法

## 推定量とは何か？
不偏推定量
誤差：MSE

## ーションによる例証の方法
・一致性の例証法／漸近正

## ラメトリック推定
：主に IID の下で　最尤法の本下における MLE の一致性における対数尤度の一様収束得るためには？／IID 標本下の漸近正規性・漸近有効性
IID のその先へ　M-推定量線形回帰モデルと最小2乗での最尤法
未知方程式の解の推定　Z-挙動／モーメント法／分位点テップ推定量
モーメント型収束　ルベーグいづらい？／IID 標本下におモーメント収束／MLE のモーより扱いやすい条件へ

## デル選択の理論
擬距離：ダイバージェンス

## 準 (IC)
情報量規準について

## パラメトリック推定

## 5.1　経験推定　経験分布関数／経験分布の汎関数
## 5.2　カーネル密度推定　確率密度関数の推定／MSE と MISE
## 5.3　カーネル回帰：Nadaraya–Watson 推定量

## 第6章　統計学，その先へ
### 6.1　マルチンゲールの定義と性質　IID ノイズの拡張：マルチンゲール差分／マルチンゲールに関する有用な不等式
### 6.2　なぜ統計学にマルチンゲールが必要か？　尤度比のマルチンゲール性／スコアのマルチンゲール性／Fisher 情報量に相当するもの：観測情報量／一般の MLE に対する漸近正規性に迫る
### 6.3　その先へ：確率過程への統計テクニック　確率過程モデルにおける観測は三角列／確率微分方程式の統計推測へ

## 付録 A　コントラスト関数の一様収束
A.1　Sobolev の不等式による方法
A.2　C-空間上の分布収束を利用する方法　C-空間／距離空間における分布収束／C-空間における分布収束

## 付録 B　中心極限定理いろいろ
B.1　多変量中心極限定理
B.2　Lindberg–Feller の中心極限定理
B.3　マルチンゲール中心極限定理
B.4　一般の三角列の和に対する中心極限定理

## 付録 C　漸近有効性と LAN
C.1　近接する確率測度：接触性
C.2　局所漸近正規性 (Local Asymptotic Normality: LAN)
C.3　一般の推定量に対する漸近有効性

## 付録 D　落ち穂拾い
D.1　サンプルサイズとサンプル数？
D.2　ベクトル値関数の平均値の定理？
D.3　線形回帰モデルにおける LSE の漸近正規性 (その2)
D.4　連続収束：推定量を代入した関数列の収束

## 付録 E　演習の解答

---

# 統計学への漸近論，その先は
### 現代の統計リテラシーから確率過程の統計学へ

清水 泰隆 著

A5・256 頁　ISBN978-4-7536-0126-4
定価 4180 円（本体 3800 円＋税 10%）

・本書が目指した1つの特徴は，統計的漸近理論に関する論文の「読み・書き」ができるようになる書であり，まさにそのようなリテラシーと証明の技術を養うことが目的である．
・本書のもう1つの目的は，「確率過程の統計推測」へのいざないである．

---

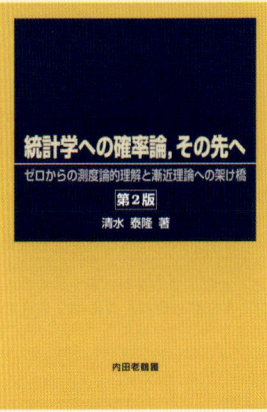

# 統計学への確率論，その先へ
### ゼロからの測度論的理解と漸近理論への架け橋
**第2版**

清水 泰隆 著

A5・232 頁　ISBN978-4-7536-0125-7
定価 3850 円（本体 3500 円＋税 10%）

本書は，本格的な数理統計学を目標とする読者向けに，特に統計学で重要となる事柄に重点をおき，速習的に確率論を学ぶことができる学部生向け教科書を目指した．

---

**自然科学書出版　内田老鶴圃**

〒112-0012　東京都文京区大塚 3-34-3
TEL 03-3945-6781・FAX 03-3945-6782
http://www.rokakuho.co.jp/

# 統計学への確率論，その先へ

## 第1章 確率モデルを作るまで
1.1 事象や観測を表現するための数学的記述　標本空間／事象：$\sigma$-加法族／実用的な$\sigma$-加法族：ボレル集合体
1.2 確率変数と確率　確率変数は観測である／"確率"とは何か？：確率と確率空間／確率測度の性質／条件付確率と2つの事象の独立性
1.3 不確実性の表現：確率分布と分布関数　分布と分布関数／ルベーグ=スティルチェス測度とルベーグ測度／様々な確率分布／1点分布：ディラック関数／ほとんど確実に？／確率空間の完備化について

## 第2章 分布や分布関数による積分
2.1 期待値の定義　離散型確率変数の期待値／一般の確率変数の期待値
2.2 スティルチェス積分について　ルベーグ型とリーマン型／より具体的な積分計算／積分の順序交換について：フビニの定理
2.3 分布を特徴付ける量や関数　積率（モーメント）／分布を特徴付ける関数たち／具体例をいくつか
2.4 確率・積率に関する不等式　確率を下から評価する／積率を上から評価する

## 第3章 確率変数の独立性と相関
3.1 確率変数の独立性　たくさんの事象の独立性／独立な確率変数列の構成／独立な確率変数の和と再生性
3.2 確率変数の相関と条件付期待値　相関と相関係数／初等的な条件付期待値：離散型／連続型確率変数に対する条件付期待値
3.3 多変量の分布と具体例　多変量分布に対する諸注意／離散型：多項分布／連続型：多変量正規分布／多変量確率ベクトルの平均・分散共分散行列

## 第4章 様々な収束概念と優収束定理
4.1 確率変数列の概収束　概収束の定義／期待値と極限の交換について
4.2 様々な確率的収束の概念とその強弱　確率収束，$L^p$-収束，分布収束／各種収束の関係
4.3 確率変数列の同時収束　同時収束はいつ成り立つのか？／同時分布収束：スラッキーの定理／連続写像定理

## 第5章 大数の法則と中心極限定理
5.1 大数の法則　大数の弱法則／大数の強法則
5.2 中心極限定理　確率論における"中心的な"極限定理／統計学への応用

## 第6章 再訪・条件付期待値
6.1 確率変数の"情報"という概念　確率変数の情報／情報は$\sigma$-加法族？／情報の独立性
6.2 情報による条件付期待値　離散型確率変数の場合／連続型確率変数の場合／$\sigma$-加法族に関する条件付期待値
6.3 条件付期待値に関する収束定理・不等式

## 第7章 統計的漸近理論に向けて
7.1 漸近オーダーの表記法　ランダウの漸近記法：$O$と$o$／確率的ランダウの記号：$O_p$と$o_p$
7.2 概収束に関する種々の結果　ボレル=カンテリの補題／大数の強法則の証明／確率収束を概収束として扱うテクニック／分布収束を概収束として扱うテクニック
7.3 モーメントの収束について　漸近分散と分散の極限の違い？／一様可積分性とモーメントの収束
7.4 分布収束の条件を1セットに(Portmanteau?)
7.5 変換された確率変数列の分布収束：デルタ法

## 付録A 落穂ひろい
A.1 関数や測度の絶対連続性　測度の絶対連続性／関数の絶対連続性
A.2 無限直積空間とIID確率変数の無限列
A.3 従属に見えて実は独立な標本平均と標本分散
A.4 正則条件付分布

## 付録B 演習の解答

# 数理統計学
## 基礎から学ぶデータ解析

A5・416頁・定価4180円（本体3800円+税10%）
理工学部，農学部，水産学部を対象とする入門書．数式の展開を丁寧に示す．

# ルベーグ積分論

A5・392頁・定価5170円（本体4700円+税10%）
本書は，変数変換と複素補間に関する定理を除いえる．数学ではアイデアだけでなく，アイデアをれる．優れた発想は証明を厳密に読む地道な努力な

# Rで学ぶ確率統計学
―変量統計編・多変量統計編・実データ:

B5・200頁・定価3630円（本体3300円+税10%）
B5・220頁・定価3850円（本体3500円+税10%）
B5・272頁・定価4180円（本体3800円+税10%）
Rの実用書と数理統計学の専門書はそれぞれ多数さ足りが，数理統計の本はソフトウェアの記述が少計編は，この2つを同時に学習していく．
そして，もっと手っとり早くRを使って統計学をのが実データ分析編である．

# 機械学習のための関数解析入門
## ヒルベルト空間とカーネル法　瀬戸道生

A5・168頁・定価3080円（本体2800円+税10%）
本書は機械学習の背景にある関数解析の入門書で学の知識を前提にカーネル法の理論と応用の解説を

# 機械学習のための関数解析入門
## カーネル法実践：学習から制御まで

伊吹竜也・山内淳矢

A5・176頁・定価3080円（本体2800円+税10%）
上記「ヒルベルト空間とカーネル法」の姉妹本．の知識を前提に，関数解析の応用としてカーネル法本書は実践編としてより実装に特化した形でカーネ

**仮定 3′.** ある正の実数 $\theta$ が存在して,
$$u(\lambda) \leq \theta\varphi, \forall \lambda.$$
すると,
$$\int_B u(\lambda|x)\,d\lambda = \frac{\int_B u(\lambda)v(x|\lambda)\,d\lambda}{\int u(\lambda)v(x|\lambda)\,d\lambda}$$

$$\geq \frac{\varphi\int_B v(x|\lambda)\,d\lambda}{\int u(\lambda)v(x|\lambda)\,d\lambda} > 0,$$

$$\frac{\int_{\sim B} u(\lambda|x)\,d\lambda}{\int_B u(\lambda|x)\,d\lambda} = \frac{\int_{\sim B} v(x|\lambda)u(\lambda)\,d\lambda}{\int_B v(x|\lambda)u(\lambda)\,d\lambda}$$

$$\leq \frac{\theta\varphi\int_{\sim B} v(x|\lambda)\,d\lambda}{\varphi\int_B v(x|\lambda)\,d\lambda} \leq \theta\alpha.$$

ここで, $\theta\alpha \leq \gamma$ ならば, 仮定 3 が従う. $\theta$ は「適度な大きさ」であることが期待されている. なお, 仮定 1 より,
$$1 = \int_{\sim B} w + \int_B w$$
$$\leq \alpha\int_B w + \int_B w$$
$$= (1+\alpha)\int_B w$$
なので,
$$0 < \frac{1}{1+\alpha}\int v$$
$$\leq \int_B v(x|\lambda)$$
$$\leq \int v(x|\lambda)$$

となり，当然

$$\int_B v(x|\lambda)\,d\lambda > 0.$$

## 2.3 評価式の導出

以下では仮定 1, 2, 3 を前提とするが，仮定 2 および仮定 3′ は，事前密度が「相対的に穏やか」であることの一つの表現であり，一方，仮定 1 は，尤度関数が「相対的に集中的」であることの一つの表現である．

まず

$$u(\lambda|x) = \frac{v(x|\lambda)\,u(\lambda)}{\int v(x|\lambda')\,u(\lambda')\,d\lambda'}$$

の分母を評価する．

$$\int v(x|\lambda)\,u(\lambda)\,d\lambda = \int_{\sim B} + \int_B \leq \gamma \int_B + \int_B$$
$$= (1+\gamma)\int_B v(x|\lambda)\,u(\lambda)\,d\lambda$$
$$\leq (1+\gamma)(1+\beta)\,\varphi \int_B v(x|\lambda)\,d\lambda$$
$$\leq (1+\beta)(1+\gamma)\,\varphi \int v(x|\lambda)\,d\lambda.$$

さらに，

$$\int v(x|\lambda)\,u(\lambda)\,d\lambda \geq \int_B v(x|\lambda)\,u(\lambda)\,d\lambda$$
$$\geq \varphi \int_B v(x|\lambda)\,d\lambda$$
$$\geq \frac{\varphi}{1+\alpha}\int v.$$

次に $\lambda \in B$ として，

$$\frac{u(\lambda|x)}{w(\lambda|x)} = \frac{u(\lambda)\int v(x|\lambda)\,d\lambda}{\int v(x|\lambda)\,u(\lambda)\,d\lambda}$$

を評価する．なお，$\lambda \in B$ とすると，

$$w(\lambda|x)=0 \Leftrightarrow u(\lambda|x)=0$$

である．

$$\frac{u(x|\lambda)}{w(\lambda|x)} \le \frac{(1+\beta)\varphi\int v}{\dfrac{\varphi}{1+\alpha}\int v}$$

$$= (1+\alpha)(1+\beta) = 1+\varepsilon.$$

さらに，

$$\frac{u(\lambda|x)}{w(\lambda|x)} \ge \frac{\varphi\int v}{(1+\beta)(1+\gamma)\varphi\int v}$$

$$= \frac{1}{(1+\beta)(1+\gamma)} = 1-\delta.$$

ここで，$\varepsilon$ および $\delta$ は文脈に沿って定義される正の実数であり，小であることが期待されている．結局，

$$(1-\delta)w(\lambda|x) \le u(\lambda|x) \le (1+\varepsilon)w(\lambda|x),$$
$$\lambda \in B,$$

である．これより，

$$(1-\delta)w(C|x) \le u(C|x) \le (1+\varepsilon)w(C|x),$$
$$\forall C \subset B.$$

ゆえに，

$$1-\delta \le \frac{u(C|x)}{w(C|x)} \le 1+\varepsilon,$$
$$\forall C \subset B.$$

ただし，$C \subset B$ とすると，

である.

次に，母数空間の任意の事象 $C$ に対して，

$$u(C|x) - w(C|x)$$

を評価する.

まず，母数空間上の実関数 $t$ を考え，ある定数 $T$ が存在して

$$|t(\lambda)| \leq T \, \forall \lambda$$

とする．次が従う．

$$\left| \int t(\lambda) (u(\lambda|x) - w(\lambda|x)) d\lambda \right|$$
$$\leq \int_B |t(\lambda)| \cdot |u(\lambda|x) - w(\lambda|x)| d\lambda + \int_{\sim B} |t(\lambda)| u(\lambda|x) d\lambda$$
$$\quad + \int_{\sim B} |t(\lambda)| w(\lambda|x) d\lambda$$
$$\leq T \left( \int_B |u(\lambda|x) - w(\lambda|x)| d\lambda + \int_{\sim B} u(\lambda|x) d\lambda + \int_{\sim B} w(\lambda|x) d\lambda \right)$$
$$\leq T \left( \int_B \left| \frac{u(\lambda|x)}{w(\lambda|x)} - 1 \right| w(\lambda|x) d\lambda + \alpha + \gamma \right)$$
$$\leq T \{\max(\varepsilon, \delta) + \alpha + \gamma\}.$$

ここで，母数空間の任意の事象 $C$ に対して，ただし $C$ の定義関数を $I_C$ として，

$$t(\lambda) = I_C(\lambda) \, \forall \lambda$$

と置くと，

$$|u(C|x) - w(C|x)| \leq \max(\varepsilon, \delta) + \alpha + \gamma$$

が従う.

次に，母数空間の任意の事象 $C$ に対して，比率 $u(C|x)/w(C|x)$ を評価する．ただしここで，分母が 0 ならば分子も 0 である．

$$\frac{u(C|x)}{w(C|x)} = \frac{u(CB|x) + u(C(\sim B)|x)}{w(C|x)}$$

$$\leq \frac{(1+\varepsilon)w(CB|x) + \gamma}{w(C|x)}$$

$$\leq 1 + \varepsilon + \frac{\gamma}{w(C|x)}.$$

一方，

$$\frac{u(C|x)}{w(C|x)} \geq \frac{u(CB|x)}{w(C|x)}$$

$$\geq (1-\delta)\frac{w(CB|x)}{w(C|x)}$$

$$= (1-\delta)\frac{w(C|x) - w(C(\sim B)|x)}{w(C|x)}$$

$$\geq (1-\delta)\left(1 - \frac{\alpha}{w(C|x)}\right).$$

したがって，

$$(1-\delta)\left(1 - \frac{\alpha}{w(C|x)}\right) \leq \frac{u(C|x)}{w(C|x)}$$

$$\leq 1 + \varepsilon + \frac{\gamma}{w(C|x)}.$$

## 2.4 注意点

広く知られている教科書 DeGroot（1970）の，199 頁から 201 頁にかけて，precise measurement という表題の下である評価式が議論されているが，それはここでの評価式とはかなり異なるものである．また，「その」統計家が，母数 $\lambda$ として計算可能な実数のみを許容するのならば，計算可能な実数の全体は可算無限集合であるから，上で言及した $\int$ を Lebesgue の意味に解釈すれば，積分値は皆 0 へと退化する．結局 Riemann 式の近似和で接近することとなるだろう．なお，上で言及した事後的評価式が正式に表に出たのは Edwards, Lindman and Savage（1963）だが，Savage et al.（1962）に収められている 1959 年に London で行われた L. J. Savage の講義中で，その内容はすでに説明されている．

# 第3章 有意性検定は合理的か？

## 3.1 Howard Raiffa による固定化と tilde 記法

変数 $\xi$ が取るであろう，あるいはすでに取っているであろう，未知固定の値 $\xi_*$ を想定し，問題としている各事象 $A$ に対して，$\xi_* \in A$ となる確率 $P(A)$ を導入する．ここで，確率変数 $\varXi$ を導入して，$\varXi \in A$ となる確率が $P(A)$ に一致するようにできる．このような $\varXi$ を，$\xi$ に対応する変量と呼び，$\tilde{\xi}$ と表記する．変数 $\xi$ を未知固定の値 $\xi_*$ に固定して確率を導入するやり方は，Raiffa, Howard, により，例えば Raiffa (1961) に見られるように，巧みに活用された．

なお，母数 $\lambda$ および可能な観察値 $x$ の対 $(\lambda, x)$ に対応する変量を，慣例に従って，$(\tilde{\lambda}, \tilde{x})$ と表記することとする．

## 3.2 鋭敏ないわゆる帰無仮説

問題の本質を明確にするために極めて単純化された状況を考える．母数空間を実数直線の全体とし母数を $\lambda$ とし，可能な観察値を $x$ とする．$\lambda$ が与えられている場合の $x$ の密度は，平均 $\lambda$，分散 $\sigma^2$ の正規分布 $N(\lambda, \sigma^2)$ の密度関数とし，この $\sigma^2$ は既知とする．真の母数 $\lambda_*$ は未知固定である．また，標準正規分布 $N(0, 1)$ の密度関数を $\varphi$ とする．そこで，次の帰無仮説 $H_0$ を導入する．

$$H_0 : \lambda = 0.$$

対立仮説は，

$$H_1 : \lambda \neq 0$$

である.

ここで You は,

$$I = P(\tilde{\lambda} = 0) \quad \text{および} \quad J = P(\tilde{\lambda} \neq 0)$$

を定める.ただし,$I$ および $J$ は共に正とする.さらに,$\tilde{\lambda} \neq 0$ が与えられている場合の $\tilde{\lambda}$ の密度関数を,$\pi(\cdot)$ とする.また実際の観察値を $x_0$ とし,You はこの $x_0$ を実際に観察すると想定する.ただし,以下では $x_0 \neq 0$ とする.また,$\pi(\lambda)$ は $\lambda$ の変化に伴って「比較的穏やかに変動する」と仮定する.

## 3.3 Bayes' rule の応用

Bayes' rule より以下が従う.

$$\begin{aligned}
I_{\text{post}} &= P(\tilde{\lambda} = 0 | \tilde{x} = x_0) \\
&= C(x_0) \cdot I \cdot \frac{1}{\sigma} \varphi\left(\frac{x_0}{\sigma}\right), \\
J_{\text{post}} &= P(\tilde{\lambda} \neq 0 | \tilde{x} = x_0) \\
&= C(x_0) \cdot J \cdot \int_{-\infty}^{\infty} \pi(\lambda) \frac{1}{\sigma} \varphi\left(\frac{x_0 - \lambda}{\sigma}\right) d\lambda.
\end{aligned}$$

ここで,$C(x_0)$ は $x_0$ に依存する正の定数である.これらより次が従う.

$$\frac{I_{\text{post}}}{J_{\text{post}}} = \frac{I}{J} \cdot \frac{\frac{1}{\sigma} \varphi\left(\frac{x_0}{\sigma}\right)}{\int_{-\infty}^{\infty} \pi(\lambda) \frac{1}{\sigma} \varphi\left(\frac{x_0 - \lambda}{\sigma}\right) d\lambda}.$$

## 3.4 ある近似式

$\lambda$ の関数として

$$\frac{1}{\sigma} \varphi\left(\frac{x_0 - \lambda}{\sigma}\right)$$

が $\pi(\lambda)$ に対して鋭敏ならば,

$$\int_{-\infty}^{\infty} \pi(\lambda) \frac{1}{\sigma}\varphi\left(\frac{x_0-\lambda}{\sigma}\right)d\lambda \doteq \pi(x_0)$$

となる．したがって，

$$\frac{I_{\text{post}}}{J_{\text{post}}} \doteq \frac{I}{J} \cdot \frac{1}{\pi(x_0)} \cdot \frac{1}{\sigma}\varphi\left(\frac{x_0}{\sigma}\right)$$

となる．ここで，

$$\frac{1}{\sigma}\varphi\left(\frac{x_0}{\sigma}\right)$$

は $N(0,\sigma^2)$ の密度関数の観察値 $x_0$ での値であり，一方，$\pi(x_0)$ は，$\tilde{\lambda}\neq 0$ が与えられている場合の事前の確率密度の，$x_0$ での値である．これらの比率が事前の確率比 $I/J$ を事後の確率比 $I_{\text{post}}/J_{\text{post}}$ へと変換するのである．したがって，問題の密度関数の比率が比較的大ならば，You の帰無仮説に対する信念の程度は相対的に増大することとなり，$H_0$ を棄却する根拠はあまりないこととなる．一方，この比率が小ならば，$H_0$ への疑念が強まり，$H_1$ へと判断が傾くこととなる．しかし，比率が「穏当」ならば，You は事前の判断を変更する積極的な根拠を持たないこととなるであろう．

## 3.5 有意性検定について

有意性検定では次のような事後的有意水準，つまり $P$ 値が問題となる．

$$P(|\tilde{x}|\geq |x_0|\,|\,\tilde{\lambda}=0) = \int_{|z|\geq |t|} \varphi(z)\,dz,$$

$$t = \frac{x_0}{\sigma}.$$

これを $\alpha(t)$ とすると，この値が「小」であれば帰無仮説への疑念が強まり，その棄却へと判断が傾くとされている．ただし，この場合の「小」は，「その」検定に関わっている個人が経験的に定めるべきものだが，実際には，0.05 や 0.01 といった「境界の値」が使用されているようである．

ところで $\alpha(t)$ は，標準正規曲線の両側のすそ野の面積を表しており，ただ

し，横軸の絶対値が $|t|$ 以上との条件がついている．つまり，$\alpha(t)$ を計算する際には，絶対値が $|t|$ 以上となる値たちの全体が荷う面積を求めるのである．しかし，3.4 節ですでに見てしまったように，You による合理的判断は，「面積」ではなく，（事前の確率比と）密度の比に依存するのである．つまり，You による判断が $\alpha(t)$ による判断とは異なっていたとしても，少しも不思議ではない．

実際，例えば Lindley（1957）や宮沢（1971）などで，二つの判断様式が食い違う例が提示されている．つまり，個人的合理性の観点からは帰無仮説の棄却に無理があるが，有意性検定では棄却に傾くという例が容易に作れるのである．

有意性検定には，合理性から見て，どうも問題があるようである．

## 3.6　Common sense からの批判

Common sense から $P$ 値に基づく検定を批判しておく．このような批判は，すでに有意性検定の発生と共に生じているはずであり，誰が最初に指摘したのかを述べることは困難である．まず You が帰無仮説 $H_0$ を弁護する立場にあるものとする．一方 She は，$H_1$ の支持者である．You は She に譲歩して，「観察値 $x_0$ が 0 から離れるに従って，$H_0$ への否定的疑念が強まる」という言い分を認めるとする．しかし You は，$P$ 値を計算する際に，実際には得られていない，「$H_0$ にとって $x_0$ よりも不利な値」のことごとくが合併されていることを，決して容認しないであろう．このような「実際には得られていない不利な値たち」の合併は，当然 $H_0$ を棄却しやすくするからである．つまり，$P$ 値を利用する She の流儀は，common sense とは両立し難いのである．

## 3.7　ある講義録

1959 年に Savage, Leonard Jimmie, が，London を訪れた際に行った講義の内容が，Savage et al.（1962）に収められている．上述の有意性検定の問題点の指摘はこの講義録による．なお 3.4 節での近似式はやはり Savage による．

この近似式は，通常有意性検定によって「処理」される状況を，個人的合理性の観点から見事に捉えている．率直に述べておくが，個人的合理性はcommon senseの表現ではなかろうか？

# 第4章 潜在的な定量化について

## 4.1 無差別性の非自明性

You が異なる事象 $A$ および $B$ に関わっているとする．正の額を持つ賞 $c$ が提示されており，$A$ が通用する場合には $c$ がもたらされるが，他の場合にはもたらされないとし，$B$ に対してもこの共通の $c$ が関わる同様の「くじ」を想定し，各々を $\langle A \rangle$ および $\langle B \rangle$ と表記する．この場合，You にとって $\langle A \rangle$ と $\langle B \rangle$ とが無差別であるとはいかなることであろうか．今一枚のコインを投げ上げて裏ならば $c$ がもたらされる「くじ」$\langle T \rangle$ と，表ならばやはり $c$ がもたらされる「くじ」$\langle H \rangle$ とを You が比較し，二者択一を行おうとしているとする．もし You が，この選択を誰でもよいから他者まかせにしてかまわないと判断するのならば，問題の二つの「くじ」は You にとって「無差別である」と見てよいかもしれない．しかし「他者」の存在を仮定しない場合にはどうすればよいのか．

「微小ではあるが正の額である」と判断される微小な賞 $\varepsilon$ を準備し，$\langle H \rangle$ よりも $\langle T \rangle$ および $\varepsilon$ を，また $\langle T \rangle$ よりも $\langle H \rangle$ および $\varepsilon$ を，You が選ぶとすれば，「無差別である」としてよいであろうか．例えば $\varepsilon$ として，「千回「このコイン」を投げ上げて全て「表」の場合に限って 1 円の賞がもたらされる」という「くじ」を考えるとして，はたしてそれでよいのであろうか．この判定法が有効であるためには，「二つの「くじ」が「無差別でない」とすると，「その格差」は $\varepsilon$ より大である」とせざるを得ないはずである．つまり「無差別でない」という箇所で，（その内訳が問われている）「無差別性」がすでに利用されているのである．これはいわゆる論点の先取りである．

「同じ」直径を持つ「同じ」長さの，しかし「異なる」純金の二つの棒のいずれを選ぶべきかという二者択一に You が直面しているのならば，You は，これらは「異なる」のであるから，これら二つの「同じ」は，いかに微小ではあっても，とにかくいわゆる「誤差がある」ことを承知しているはずである．ところが，異なる「くじ」の間で，しばしば，「高く投げ上げる」とか「よくかき混ぜる」とか，何らかの（いわゆる無作為化の）手順が導入されて，「紛れもない無差別性」を You が持つに至るとするのは，多分異様である．

だが You が「確からしさ」の定量化に強い関心をいだき，それは「確率」として定量化できるはずだとの強い信念をなぜか保持しているのならば，You は少なくとも自己の内部において，何らかの「無差別性」を導入するに至ることであろう．つまり You は，現実の事象の「確からしさ」を，自己において内在化されている「ある尺度」によって測定し，その事象の「確率」を定めるに至るに違いない．ここではこの独特の You を定式化することを試みる．（なお以下の議論は Pratt, Raiffa, and Schlaifer (1964) に基づくが，原論文では von Neumann-Morgenstern 効用の議論が脱落しているので，補うこととした．）

## 4.2 基本的設定

$E$ は全事象と呼ばれる空でない集合であり，その各要素 $e$ は根元事象と呼ばれる．また $E$ の部分集合は事象と呼ばれる．特に空事象 $\emptyset$ は事象である．解釈上は，「常に通用する事象」が全事象であり，「通用することが決してない事象」が空事象である．$X$ および $Y$ は各単位区間 $[0,1]$，つまり 0 以上 1 以下の実数の全体である．$X$ および $Y$ の要素は各 $x$ および $y$ などと表記される．$C$ は空でない集合であり，その各要素 $c$ は結果と呼ばれる．$E \times X \times Y$ から $C$ への各写像 $l$ は「くじ」と呼ばれる．特に，値 $c$ を常に取る写像はくじであり，定数的と形容され $\langle c \rangle$ と表記される．また $c$ と $\langle c \rangle$ とが同一視されることもある．くじの全体を $L$ とする．

$\leq$ はくじの間の二項関係であり選好と呼ばれる．$\leq \subset L \times L$ である．$l \leq l'$ とは $(l, l') \in \leq$ のことであり，「$l$ は $l'$ よりも選好されるには非ず」と読まれ

る．「$l \leq l'$ かつ $l' \leq l$」は $l =\cdot l'$ と略記され，$l$ と $l'$ とは無差別である（あるいは同値である）などと読まれる．「$l \leq l'$ かつ「$l' \leq l$ には非ず」」は $l < l'$ と略記され，$l$ よりも $l'$ は選好されると読まれる．

$I$ が $X \times Y$ における区間であるとは，$X$ におけるある区間 $X_0$ と $Y$ におけるある区間 $Y_0$ とに対して $I = X_0 \times Y_0$ となることである．特に $\emptyset$ および $[0,1]^2$ は区間である．このような区間の有限個の合併は区間合併と呼ばれる．区間は区間合併である．$J$ を区間合併とすると，その「面積」は $m(J)$ と表記される．「面積」という言葉は日常的な雰囲気で使うこととするが，その定義は積分論の書物などで確認してもらいたい．また，$J$ を有限個の区間に分割する場合，その分割の各項の「面積」の総和が $m(J)$ に一致することなどは，本来は精確に証明すべき事柄である．

結果間の選好 $\leq$ は，「$c$ および $c'$ を結果とすると，$c \leq c'$ とは $\langle c \rangle \leq \langle c' \rangle$ のことである」によって定義される．

また，「$c =\cdot c'$ とは，$c \leq c'$ かつ $c' \leq c$」，「$c < c'$ とは，$c \leq c'$ かつ「$c' \leq c$ には非ず」」である．$c =\cdot c'$ および $c < c'$ は各 $\langle c \rangle =\cdot \langle c' \rangle$ および $\langle c \rangle < \langle c' \rangle$ と同値である．

集合の有限列

$$(Q_i)_{i=1}^n = (Q_1, \cdots, Q_n) \ (n \text{ は正の整数})$$

が $Q$ に対する分割であるとは，

$$Q = \bigcup_{i=1}^n Q_i, \quad Q_i \cap Q_j = \emptyset \ (i \neq j)$$

となることである．分割とは空でない列であり，任意有限個の任意の箇所に空事象を含み得ることを注意する．

$E$, $X$ および $Y$ の内の任意の一つを指定して $Q$ とし，それに対応する変数を $q$ とする．また $(Q_i)_{i=1}^n$ は $Q$ に対する分割とし，$(c_i)_{i=1}^n$ は結果の列とする．くじ $l$ が変数 $q$ のみに依存していると見なし得て，$q \in Q_i$ ならば値 $c_i$ を取るのならば，この $l$ を，

$$((Q_i;c_i))_{i=1}^n = ((Q_1;c_1), \cdots, (Q_n;c_n))$$

などと表記する.

## 4.3　標準基および仮説 1

$X \times Y$ を標準基と見なすとは, 次の仮説 1 を仮定することである.

**仮説 1.** $c'$ および $c''$ を任意の結果とし $c'' < c'$ とする. $Z_i, i=1,2$ は各 ($X \times Y$ での) 任意の区間合併とする. $m_i = m(Z_i), i=1,2$ と置く. また $E_0$ を任意の事象とする. くじ $l_i, i=1,2$ を以下で定義する.

$$e \in E_0 \wedge (x,y) \in Z_i \to l_i(e,x,y) = c',$$
$$e \notin E_0 \vee (x,y) \notin Z_i \to l_i(e,x,y) = c''.$$

a.　標準性. $m_1 = m_2 \Rightarrow l_1 =\cdot l_2$.
b.　単調性. $E_0 = E$ とする. $m_2 < m_1 \Rightarrow l_2 < l_1$.

この仮説を **H1** と表記する.

**補題 1.** H1 での表記法を用いる. $E_0 = E$ とする.

$$l_1 =\cdot l_2 \Leftrightarrow m_1 = m_2,$$
$$l_2 < l_1 \Leftrightarrow m_2 < m_1.$$

H1a より任意の結果 $c$ に対して $c =\cdot c$ で, $C$ は空ではないので, 当然 $\leq \neq \emptyset$.

## 4.4　測量可能性および仮説 2

「価値」および「確からしさ」に関する測量可能性を次の仮説で規定する.

**仮説 2**. $c_* < c^*$ を満たす結果の対 $(c_*, c^*)$ が存在して次の a および b が成立する．

a.（測量 a，結果に対する評価）$C$ から $X$ へのある関数 $\pi$ が存在して，任意の結果 $c$ に対して，

$$\langle c \rangle = \cdot ((X_0 ; c^*), (X_0^c ; c_*)),$$
$$X_0 = [0, \pi(c)].$$

b.（測量 b，事象に対する評価）事象の全体から $Y$ へのある関数 $P$ が存在して，任意の $E_0 \subset E$ に対して，

$$((E_0 ; c^*), (E_0^c ; c_*)) = \cdot ((Y_0 ; c^*), (Y_0^c ; c_*)),$$
$$Y_0 = [0, P(E_0)].$$

この仮説を **H2** と表記する．H2 での結果の対 $(c_*, c^*)$ は基準対と呼ばれる．

## 4.5 推移性（仮説 3）

選好 $\leq$ は推移性を満たす．つまり次が成立する．

**仮説 3**. $l_1, l_2$ および $l_3$ を任意のくじとする．

$$l_1 \leq l_2 \wedge l_2 \leq l_3 \Rightarrow l_1 \leq l_3.$$

これを **H3** とする．この仮説から次が従う．

**補題 2**.

$$l_1 = \cdot l_2 \wedge l_2 = \cdot l_3 \Rightarrow l_1 = \cdot l_3.$$
$$l_1 = \cdot l_2 \wedge l_2 < l_3 \Rightarrow l_1 < l_3.$$
$$l_1 < l_2 \wedge l_2 = \cdot l_3 \Rightarrow l_1 < l_3.$$

仮説 3 や補題 2 を利用する際に「推移性より」とことわることがある．

[注意] 補題 1，H2 および推移性より，ただし H2 での表記法を用いて，以下が従う．

$$\pi(c_*) = 0, \quad \pi(c^*) = 1,$$
$$P(\emptyset) = 0, \quad P(E) = 1.$$
$$c' =\cdot c'' \Leftrightarrow \pi(c') = \pi(c'').$$
$$c'' < c' \Leftrightarrow \pi(c'') < \pi(c').$$
$$c_* \leq c \wedge c \leq c^*, \forall c.$$

## 4.6 代替可能性（仮説 4）

$E, X$ および $Y$ の内の任意の一つを指定して $Q$ とし，対応する変数を $q$ とする．また，$(Q_i)_{i=1}^n$ を $Q$ に対する分割とする．さらに，$l'_i, l''_i, i=1,\cdots,n$ を $q$ 以外の変数のみに依存すると見なせるくじたちとする．そこでくじ $l'$ を，

$$q \in Q_i \quad \text{ならば} \quad l'(e,x,y) = l'_i(e,x,y)$$

によって定義し，これを

$$\langle l'_i \rangle_{i=1}^n = \langle l'_1, \cdots, l'_n \rangle$$

などと表記する．同様に

$$l'' = \langle l''_1, \cdots, l''_n \rangle$$

とする．そこで次の仮説 4 を導入する．

**仮説 4**．上の表記法を用いる．

$$(l'_i =\cdot l''_i, \forall i) \Rightarrow l' =\cdot l''.$$

これを **H4** とする．

## 4.7 命題たち

**補題 3.** 部分的一意性．H2 における $\pi$ および $P$ は基準対を指定すれば一意的に定まる．

[**注意**] 実は基準対の取り方によらず一意であることが従う．実際，$\pi$ および $\pi'$ を，基準対を共有するとは限らない，任意の測量 a とすると，H4（代替可能性）を利用すれば，$\pi(c) = \pi'(c) \, \forall c$ が示せる．つまり「本来の一意性」が従う．測量 b，つまり $P$ についての「本来の一意性」は，命題 6 より従う．

**命題 1.** 確率の加法法則．H2 における測量 b，つまり $P$ を考える．
（1） 任意の事象 $E_0$ に対して，
$$P(E_0) \geq 0.$$
（2） $P(E) = 1.$
（3） 任意の事象 $A$ および $B$ に対して，
$$A \cap B = \emptyset \Rightarrow P(A \cup B) = P(A) + P(B).$$
この（3）は確率の加法法則に他ならない．

**命題 2.** 還元定理．$(E_i)_{i=1}^n$ を $E$ に対する分割とし $(c_i)_{i=1}^n$ を結果の列とする．次が従う．
$$((E_i; c_i))_{i=1}^n = \cdot \, ((X_0; c^*), (X_0^c; c_*)),$$
$$X_0 = [0, \Pi],$$
$$\Pi = \sum_{i=1}^n P(E_i) \pi(c_i).$$

**命題 3.** 行為比較．$(E_i)_{i=1}^n$ を $E$ に対する分割とする．

$$l' = ((E_i; c'_i))_{i=1}^n, \quad l'' = ((E_i; c''_i))_{i=1}^n,$$
$$\Pi' = \sum_{i=1}^n P(E_i)\pi(c'_i), \quad \Pi'' = \sum_{i=1}^n P(E_i)\pi(c''_i)$$

と置く．すると，

$$\Pi' = \Pi'' \Leftrightarrow l' =\cdot l'',$$
$$\Pi' < \Pi'' \Leftrightarrow l' < l''.$$

[**注意**] 分割を共有しない場合には，再分割を行い，共通の「細」分

$$(E'_i \cap E''_j)_{i=1,\cdots,n}^{j=1,\cdots,m}$$

を考えればよい．なおこの命題より，You は，自身の「期待効用」を最大化するように行動することがわかる．

**命題 4.**「標準」を「基準」に還元する．$(Y_i)_{i=1}^n$ を $Y$ に対する分割とし，$m_i$ を $Y_i$ の「長さ」とする．次が従う．

$$((Y_i; c_i))_{i=1}^n =\cdot ((Y_0, c^*), (Y_0^c, c_*)),$$
$$Y_0 = [0, \sum_{i=1}^n m_i \pi(c_i)].$$

**命題 5.**「現実」を「標準」に還元する．$(E_i)_{i=1}^n$ を $E$ に対する分割とし，

$$R_i = \sum_{j=1}^i P(E_j),$$
$$Y_1 = [0, R_1],$$
$$Y_i = (R_{i-1}, R_i], \quad i = 2, \cdots, n,$$

と置く．すると，

$$((E_i; c_i))_{i=1}^n =\cdot ((Y_i; c_i))_{i=1}^n.$$

**命題 6.** $P$ の本来の一意性. $E$ の各部分集合に 0 以上 1 以下の値を対応させる関数 $P$ で, 次を満たすものが一意的に存在する.

$$((E_0; c'), (E_0^c; c'')) = \cdot ((Y_0; c'), (Y_0^c; c'')),$$
$$Y_0 = [0, P(E_0)]$$

ここで, $E_0$ は任意の事象, $c'$ および $c''$ は任意の結果である.

**[注意]** 命題 5 および 6 は関数 $\pi$ の存在に依存して導出されている.

## 4.8 効用関数の存在と「実質的な」一意性

ここでは von Neumann-Morgenstern 効用 (vN-M 効用と略す) について述べる. $u$ を $C$ 上で定義されている実数値を取る関数とし, $(Y_i)_{i=1}^n$ を $Y$ に対する分割とし, $(c_i)_{i=1}^n$ を結果の列とし, $m_i$ を $Y_i$ の「長さ」とする.

$$u[((Y_i; c_i))_{i=1}^n] = \sum_{i=1}^n u(c_i) m_i$$

によって作用素 $u[\cdot]$ を定義する. この定義は成立している. 実際,

$$((Y_i; c_i))_{i=1}^n = ((Y_j'; c_j'))_{j=1}^m \Rightarrow \sum_{i=1}^n u(c_i) m_i = \sum_{j=1}^m u(c_j') m_j'$$

が成立する. なおここでは, $Y$ に対する分割に基づくくじを問題としている. このような任意のくじ $l'$ および $l''$ に対して,

$$l' \leq l'' \Leftrightarrow u[l'] \leq u[l'']$$

が成立する場合, $u$ を vN-M 効用と呼ぶ. $u$ を vN-M 効用とすると, 任意の正の実数 $a$ および任意の実数 $b$ に対して, $au + b$ も当然 vN-M 効用である.

命題 4 より関数 $\pi$ (H2, 測量 a) は vN-M 効用である. さらに $u$ を任意の vN-M 効用とすると, 任意の結果 $c$ に対して,

$$u(c) = (u(c^*) - u(c_*)) \pi(c) + u(c_*)$$

であり, ここで $u(c^*) > u(c_*)$ である. これを利用すると vN-M 効用は「自明な多様性」を無視すれば一意であることが従う. 実際, $u$ および $u'$ を任意

の vN-M 効用とすると，ある正の実数 $a$ およびある実数 $b$ が存在して，$u' = au + b$ となり，しかもこの対 $(a, b)$ は一意に決まる．

## 4.9 条件つき確率

事象 $E_0$ および $E^+$ に対して，
$$P(E_0|E^+) = \frac{P(E_0 \cap E^+)}{P(E^+)},$$
$$P(E^+) \neq 0,$$
と置く．これが「$E^+$ が与えられている場合の，$E_0$ の条件つき確率」と呼ぶに値するか否かを検証する．

$C$ に「現状維持」を表す結果 $c^+$ が所属していると想定する．任意のくじ $l$ および任意の事象 $E^+$ に対して，
$$e \in E^+ \to l^+(e, x, y) = l(e, x, y),$$
$$e \notin E^+ \to l^+(e, x, y) = c^+$$
によって，くじ $l^+$ を定める．この場合次が従う．

**命題 7.** 条件つきくじの評価．$P(E^+) \neq 0$ とする．
$$l_E = ((E_0; c^*), (E_0^c; c_*)),$$
$$l_Y = ((Y_0; c^*), (Y_0^c; c_*)),$$
$$Y_0 = [0, P(E_0|E^+)]$$
と置く．次が従う．
$$l_E^+ =\cdot l_Y^+.$$

## 4.10 前事後分析

$(E_i)_{i=1}^n$ を $E$ に対する分割とし，$P(E^+) \neq 0$ とする．また，くじ $l'$ および $l''$ に対して，

$$e \notin E^+ \to l' = l'' = ((E_i; c_i))_{i=1}^n,$$
$$e \in E^+ \to l' = ((E_i; c_i'))_{i=1}^n \wedge l'' = ((E_i; c_i''))_{i=1}^n$$

とし，

$$\Pi^+(l') = \sum_i P(E_i|E^+)\pi(c_i'),$$

$$\Pi^+(l'') = \sum_i P(E_i|E^+)\pi(c_i'')$$

と置く．すると次が従う．

**命題 8.** 前事後分析．
$$\Pi^+(l') = \Pi^+(l'') \Leftrightarrow l' =\cdot l'',$$
$$\Pi^+(l') < \Pi^+(l'') \Leftrightarrow l' < l''.$$

[**注意**] 事象 $E^+$ が「生起する前」に，あらかじめ最適な選択肢を定めておくのである．その際，この事象が「「生起した後」の期待効用」と見なせる条件つき期待効用によって，最適な選択肢を定めるのである．このように事後的選択を「事前に」用意しておくのであり，それが You の「合理的」流儀なのである．

## 4.11　課題および論点

　上の議論では「証明」と呼ばれる作業を意図的に省略した．読者には，ぜひとも Pratt, Raiffa, and Schlaifer (1964) を直接参照して，「自力で」この「証明」を補ってもらいたい．その際，彼らの発案による（行列状の）図式的表現が極めて有効に利用されていることに気づかれることであろう．またこの作業を通して，H1，H2，H3 および H4 によって定式化される「合理的な」You の内部事情をぜひとも了解して頂きたい．

　なお，この「合理的な」You は，「確からしさ」の「確率」としての定量化を潜在的に肯定している「個」である．だが，より根元的な問を発する「個」の立場からすれば，「裏か表かが「全く」無差別な一個のコイン」の「存在」

は,「あらかじめ容認する」ことはできず,このような「存在」の導入は,(潜在的に) 定量化可能性を「仮定する」ことであり,いわば部分的な論点の先取りなのである.このような根元的な問への一つの返答として,Savage (1954, 1972) がある.彼の論理については,付録 A を参照して頂きたい.

# 第5章 未知固定確率

## 5.1 何が論点なのか？

　この未知固定確率という言葉だが，「確率」を定義しないと当然意味がない．その定義後に「未知」とは何か，「固定」とは何かを，明晰に述べなければならない．ところが，You は「その確率」を自身で定めることができるのであり，例えば，「「そのコイン」を投げ上げると裏がでる」という「その事象」の「その確率」を，You は黙然と定めるのである．つまり You にとっては，「その確率」は「未知」とはなり得ないのである．

　ところが，数理統計学では，「表」となる確率を $p$ とし，$n(>0)$ 回投げ上げて「表」が $k$ 回，「裏」が $n-k$ 回現れる「確率」は，

$$\binom{n}{k}p^k(1-p)^{n-k}$$

であるなどと主張される．この「確率」を導く際に，「確率」の加法法則および乗法法則や，事象たちの独立性の定義が利用されているが，これらの合理的根拠は真剣に考察されてはいない．一方，この $p$ は未知固定確率を表すとされる．「確率」の定義を与えずに，また法則や定義の合理的根拠を考察せずに，突如として未知固定確率が現れるのである．これは異様である．

　だが，未知固定確率に対する推定および検定が，何の疑念もなく遂行されているのである．定義されていない対象を「推定する」のであるから，結局何を行っているのか不明といわざるを得ない．

## 5.2 de Finetti の表現定理

$P$ を可測空間 $(\Omega, \mathcal{F})$ 上の完全加法的確率測度とすると，$(\Omega, \mathcal{F}, P)$ は確率空間となる．$(\Omega, \mathcal{F})$ 上の確率変数から成る列 $(X_i; i=1, 2, \cdots, n, \cdots)$ を考える．各 $X_i$ の値は $\{0, 1\}$ に属するものとする．この列が $P$ に関して交換可能であるとは，正の整数からなる空ではない任意の有限列 $i_1 < \cdots < i_m$ と列 $x_j \in \{0, 1\}, j=1, \cdots, m$ に対して，$P(X_{i_j} = x_j, j=1, \cdots, m)$ の値が列 $x_j$ 中の 0 および 1 の総数のみに依存し，それらの順番には依存しないことをいう．

$L^2(\Omega, \mathcal{F}, P)$ の完備性に注意すると，交換可能な列 $X_i$ に対して，ただし

$$Y_n = \frac{1}{n} \sum_{i=1}^{n} X_i$$

として，$Y_n \to U, n \to \infty$, in $L^2$ を満たす確率変数 $U$ が存在する．この $U$ は $P$ に関する零集合上の差異を無視すれば一意であり，しかも単位区間 $[0, 1]$ の値を取るとしてよい．

この $U$ に対して，ただし $x_i \in \{0, 1\}, i=1, 2, \cdots, n$（$n$ は任意の正の整数）として，

$$(*) \quad P(X_i = x_i, i=1, \cdots, n | U) = U^a (1-U)^b \text{ a.s.} P.$$

ここで，$a$ および $b$ は各各列 $x_i$ における 1 および 0 の総数であり，さらに，

$$(**) \quad P(X_i = x_i, i=1, \cdots, n) = \int_{\Omega} U^a (1-U)^b dP$$

となる．

以上が今日 de Finetti の表現定理と呼ばれているものの最も基本的な場合である．

## 5.3 隠される論点

Bruno de Finetti は，(Kolmogorov system における) 完全加法性を公理とは見なさない立場を取る．つまり彼にとっての確率は有限加法性を満たすが，

完全加法性を満たす保証はない．そこで 5.2 節で言及した $L^2(\Omega, \mathcal{F}, P)$ の完備性は成立しないかもしれない．したがって，上の（＊）での変数 $U$ の存在は不確定である．だが彼は，（＊＊）に対応する，

$$P(X_i = x_i, i = 1, \cdots, n) = \int_0^1 u^a (1-u)^b M(du)$$

を示したのである．なおこの $M$ は，$[0, 1]$ 上の有限加法的確率測度であり，異なる $M$ ではあっても，同一の区間に対しては同じ値を取る．

一枚の「その」コインを You が何度か投げ上げる状況を想定すると，ただし表が 1 で裏が 0 だが，問題の変数 $U$ が存在するとは考えづらいであろうし，実際 de Finetti（1937）では，そのような変数は導入されてはいない．

一方，Kolmogorov system では，
$$\lim_{n \to \infty} P(Y_n \leq \delta) = P(U \in [0, \delta])$$
ただし，$\delta \in [0, 1]$ は $P(U = \delta) = 0$ を満たす限り任意，が従うが，de Finetti は $M$ に対して類似の性質を示している．

de Finetti の立場からすれば，You が「未知固定の」表が出る確率 $p$ について語るとは，$M$ について語ることに他ならず，例えば「$p$ は 2/3 以下である」とは，式 $M([0, 2/3]) = 1$ の「仮の」表現なのである．

## 5.4 頻度論的見解の浮上

ところで，問題としている（交換可能な）確率変数列について，
$$Y_n - P(X_{n+1} = 1 | X_1, \cdots, X_n)$$
が 0 へと確率収束することが従う．つまり You は，$(X_1, \cdots, X_n)$ を観察した「あと」での，「つぎ」に表が出る確率を，出た表の相対頻度で近似する傾向を持つのである．ここで注意すべきは，未知固定の「真の」確率などは持ち出さずに，この相対頻度による「近似」が正当化されることである．この正当化においては，「真の」確率は不要である．

なお，Savage（1954, 1972）の第 3 章，第 7 節および園（2001，12 月 20 日）の第 4 章を通読して頂ければ幸いである．

# 付録A レナード・ジミィ・サヴェジの論理

## A.1 はじめに

　数学の基礎に関心のある読者を念頭に置いて，レナード・ジミィ・サヴェジ (Savage, Leonard Jimmie, 愛称 Jimmie, 1917.11.20-1971.11.1) の独特の論理について述べようと思う．それは，彼の「基礎論」(1954, 1972) の冒頭の六つの章で展開されている．Statistics とあるが統計学の知識は必要でない．彼は確率の定義および解釈の問題をできる限り数学的に取り扱おうとしているのである．「確率とは何か，それはどうあるべきか，それが「ある」とはいかなることか」という本質的問が彼の課題である．つまり，一見すると数学外のように見えてしまう思想的課題に，数学的接近を図るのである（なお，園 (2001, 12月 b, 2007) を一瞥して頂ければ幸いである）．

　その際彼は，論理と呼ばれてきた事柄の拡張を企図する．ここで言葉を準備する．純粋数学における論理（ただし，何らかの流儀に基づいて定式化されてしまう前の，生粋の論理）を純論理と呼び，一方，「事事物物に即して展開される論理」を事物論理と呼ぶこととする．事物論理は，諸諸の事象（できごと），諸諸の不確定性（不確か），人，物品，貨幣などに関わるのであり，実務家，実験家，フィールド・ワーカーなどの論理である．実はサヴェジは，この事物論理の部分的な定式化にほぼ成功しているのである．

　彼は「その個人」を導入してこれを為そうとする．「その個人」とは理念物であり，純論理に関わる諸計算を，正確に，瞬時に遂行してその結果を明示できる合理的存在である．この「個人」にとっては，（十進法で小数展開される）円周率の任意の指定されている桁の数字は自明であり，証明可能な命題は即座

に証明される．だが，「その個人」は不確定性に直面する．例えば，眼前の「その卵」が食えるのか腐っているのかは，彼にとって不確定である．「その卵」の内実を演繹することなどできないのである．

しかしサヴェジは，経済学から選好（preference）の概念を借用してこの難局を乗り切ろうとする．彼は「その個人」に選好を課すのだ．

## A.2 選好および規範的公準観

選好とは「このみ」に関わる選択だが，彼はこれを決定の問題とする．つまり，二つの選択肢 $f$ および $g$ に対して，個人が $f$ よりも $g$ を選ぶとは，単なる「このみ」の問題ではなく，個人の（思慮に基づく）決定でなければならないとする．つまり $f$ よりも $g$ の上に自身の決断を下すのである．この場合「$g$ は $f$ よりも選好される」と表現する．しかし論理上は，選択肢が無差別，つまり $f$ と $g$ とが対等ということも排除できないので，実際の作業は間接的な選好様式，つまり，「$f$ は $g$ よりも選好されるには非ず」という表現を用いる．これは選択肢間の二項関係であるので，例えば $f \leq g$ などと表記する．また，「$g \leq f$ には非ず」を $f < g$ と略記する．ここで注意すべきなのは，この $<$ は「には非ず」を用いて導入される二項関係であり，その定義からは，$f$ よりも $g$ を積極的に選ぶといういわば positive preference を特徴づける解釈は従わない．このことは，サヴェジの第六公準の前任者である $P6'$ の内訳を評価する際の論点となる．なお，$f$ と $g$ とが無差別であるとは「$f \leq g$ かつ $g \leq f$」となることと定義しておき，$f =\cdot g$ と記すこととする．

彼が本来念頭に置いた選択肢は，「基礎論」の第5章第5節の83頁で述べられているように，life-long policy，つまり生涯にわたるポリシーであり，「その個人」は，自身の生涯にわたる決定をただ一度だけ下すのみなのである．このような決定を，彼は大きな決定（grand decision）と呼んでいる．つまり「その個人」は，以後の自身の人生をこの決定に従って生き抜くのである．ここで大きな決定がもたらすポリシーを $f$ とすると，「その個人」は，不確定性に直面した場合に $f$ を振り返る．すると $f$ は進むべき方角を黙然と指し示すのであり，「その個人」は，$f$ のこの「計算結果」に忠実に従って自身が進むべ

き道を選ぶのである.

　大きな決定を下そうとする際に,「その個人」はいくつかの可能な（場合によっては想像上の）ポリシー, **f**, **g**, **h**, …, を思慮する. これらのポリシーを自身の選好 ≤ の篩にかけて, 一つを「えりぬく」のである. そこでサヴェジは, この選好が単純な順序（simple ordering）であることを要請する. これがサヴェジの第一公準 **P1** である. その内訳は,「「その個人」の選好は比較可能性および推移性を満たす」というものである.

　そこで問題なのはこの公準（postulate）の合理的根拠である. サヴェジは,「その個人」が二つの異なるポリシーに直面しているとして, 二者択一を迫られる場合においては,「選ぶ」という行為（「ことば」ではない）によって自身の選好を明示できるはずだとする. つまり「選ぶ」ことから「逃げる」ことがなければ, 二つの選択肢は行為によって比較可能であるとする. また二項関係 < が循環するのであれば,「その個人」は不決断の状況に陥るのであり, このような有様は不合理であるとする. つまり,「循環」は「過ち」であり, 修正されなければならない.

　なお,「循環」の排除の正当化は, 極めて微小な（ただし正の）額 $\varepsilon$ を用いて, しかも < を積極的な選好と見なして,「**f** よりも **g**」が本当ならば,「**f** および $\varepsilon$」よりも **g** であり,「**g** よりも **h**」が本当ならば,「**g** および $\varepsilon$」よりも **h** であり,「**h** よりも **f**」が本当ならば,「**h** および $\varepsilon$」よりも **f** となり, 結局手元には **f** が戻ってきて, 額 $3\varepsilon$ が失われ, しかも「循環」を保持する限りこの支払はいつまでも続くのであり, これは不合理であるとして, なされることがある. しかし, 貨幣的な価値尺度である「額」は数学外の物であり, それが「微小である」とはいかなることか自明ではない. したがってサヴェジは, このよくある正当化を持ち出さずに,「循環」は不合理であり「過ち」であると率直に述べるのである.

　彼は公準を「その個人」が自身へと課す maxim であるとしている. つまり公準とは, 個人が自身の行動様式を合理的に縛るために, 自身へと課す規範であるとする. さらに彼は, 自身が提示する公準を仮に誰かが侵犯しようとしているとすれば, その誰かは「自身が不合理な状況に陥ろうとしているのではないか」と内省し, 侵犯しようとしている自身の姿に自身がどのような内的反応

を示しているかを，冷静に観察してもらいたいと懇願している．彼が提示している公準系とは，「個」が自身に対して課す規範系に他ならない．

## A.3 「この世界」の状態と「むくい」としての結果

　自身の生涯にわたるポリシーが，そのポリシーの選択者としての「個」にもたらす窮極的な「むくい」が，結果（consequence）である．結果とは「個」の窮極的状態である．しかし「その個人」は不確定性に直面しているのであり，したがって，いかなる結果を自身が荷うこととなるかについて「不確か」である．もし「この世界」の「真の状態」，$*$，があるとすれば，この $*$ を知ることによって「不確か」は消去され，ポリシーの末路を覚知できることとなるが，それは「その個人」にとって不可能である．だが「その個人」は，$*$ の候補者たち，$s, s', s'', \cdots$，の全体から成る（空でない）集合 $\mathbf{S}$ を，「この世界」に対する表現として措定できる．この $\mathbf{S}$ の元は状態（state）と呼ばれる．つまり「この世界」の状態である．ポリシーおよび状態が定まると「むくい」も定まる．窮極的な「むくい」としての結果とは，「個」における純粋経験である．

　「個」における結果を「単離」して自在に用いるのがサヴェジの流儀である．例えば，「窮極的どしゃぶり体験」という記号列で示唆される，「個」における純粋経験を $c$ とすると，想像上の実験として，「「快晴の日」に $c$ を荷う」ことが遂行されたりもする．とにかくサヴェジは，「むくい」としての純粋経験を賞（prize）や収入（income）のように自在に操作するのだ．

　$\mathbf{S}$ の部分集合は事象（event）と呼ばれる．特に空事象 $\emptyset$ および全事象 $\mathbf{S}$ がある．$*$ を指し示す状態が属する事象は「この世界」で現に通用する．

　サヴェジは可能な結果の全体を集合として捉えているが，ここではそれを Csq とする．また彼は，$\mathbf{S}$ から Csq への写像を行為（act）と呼んでいる．「その個人」からすれば，生涯にわたるポリシーとは行為である．

## A.4 「生涯にわたるポリシー」の現実性と目的概念

　サヴェジの念頭には「生涯にわたるポリシー」が概念として（紛れもなく）

## A.4 「生涯にわたるポリシー」の現実性と目的概念

あるのだが，彼はそれを非現実的な理念物と見なしている節がある．彼は，自身が提示している行為概念を，ゲーム理論における戦略概念の類似物として把握しようと努力しているが，問題のポリシーに対してもアルゴリズムとしてこれを捉えようとしている．つまり彼は自身のポリシー概念を純論理に基づいて構築しようとしているのだ．しかし事物論理の側からすれば，生涯にわたるポリシーとは，「個」に宿る「心のコンパス（compass，羅針盤）」以外の何物でもない．この「心のコンパス」とは，立志達悟の「個」に宿る「なにか」である．

立志達悟とは，志をすでに確立し惑うことがない有様である．いかなる不確定性に直面しても自身の「心のコンパス」が指し示す方角に黙然と進むのである．いわば志学不惑である．こちらの文化には純論理を養う豊かな純粋数学が発育しなかった．「論理」とはもっぱら事物論理である．しかも，事物論理への徹底は「そこなし」の深みを持つに至った．その副産物が「心のコンパス」だが，しかしすでに『論語』では「義」の一字でこれを捉えている．「一もってこれを貫く」という発言もある．事物論理からすれば「心のコンパス」とは立志達悟の現実的果実であり，単なる理念物などではない．

なぜ「個」が「心のコンパス」を持ち得るかだが，将来，精神（霊性などではない）と呼ばれてきた事柄の機能的本質が数学的諸形式によって捉えられれば，この謎も解き得るであろう．

とにかくサヴェジは，行為を真剣に問うのだが，「目的」はどうなるのか．彼にとっては，通常の「目的」とは「目的の設定」という行為の帰結であり，彼は「目的の設定」を，小さな世界（small world）の選択という作業に（自動的に）含ませている．大きな世界（grand world）$S$ に対しては，「大きな目的」，正に立志達悟が対応する．

さらに注意すべきなのは，彼の枠組みでは「偶然」も「帰納」も登場しない．「確率」は不確定性に対する「個」の態度によって規定され，「偶然」を持ち出す必要はない．したがって，「偶然とは何か」という厄介な問には関わらないですむ．また「帰納」と呼ばれる作業だが，これは不確定性に直面している「個」による決定によって，暗黙の内に消去されてしまう．つまり，「帰納」の問題が決定の問題によって追い出されるのである．彼はどこまでも行為に徹

するのであり，決断決定の人である．

## A.5　The sure-thing principle および条件つき選好

　The sure-thing principle を「商量の原理」と訳すこととする．これはサヴェジが重視する基本原理である．つまり，「「この世界」で事象 A が通用する場合 $\mathbf{f} \leq \mathbf{g}$ であり，「この世界」で事象非 A が通用する場合 $\mathbf{f} \leq \mathbf{g}$ であると，「その個人」が判断する場合，「その個人」は，いずれの事象が通用するかは知らないとしても，$\mathbf{f} \leq \mathbf{g}$ と判断する」という判断の様式は合理的であり，さらに，「事象 A は実際上不可能というわけではないとして，事象 A が通用する場合 $\mathbf{f} < \mathbf{g}$，事象非 A が通用する場合 $\mathbf{f} \leq \mathbf{g}$ と，「その個人」が判断する場合，いずれが通用するかを知らないとしても，「その個人」は $\mathbf{f} < \mathbf{g}$ と判断する」という判断の様式は合理的であるとするのが，サヴェジの立場であり，これらの判断様式を「商量の原理」と呼ぶのである．

　この「商量の原理」を用いて条件つき選好の概念を反省してみる．この条件つき選好とは，任意の事象 B に対して，B が与えられている場合の選好，つまり「B が通用する」と想定する場合の選好である．このような選好を $\leq$ given B とか $<$ given B と表記する．「B が与えられている場合に，$\mathbf{f}$ は $\mathbf{g}$ よりも選好されるには非ず」とは，つまり $\mathbf{f} \leq \mathbf{g}$ given B とは，B の S に関する補集合 $\sim$B 上でこれら二つの行為がとる結果（つまり Csq の元）には依存しない判断様式のはずである．そこでこれら二つは $\sim$B 上で一致すると想定すると，$\sim$B 上では両者は無差別なのだから，「商量の原理」により，この条件つき選好の下で $\mathbf{f} \leq \mathbf{g}$ となるはずであり，一方この選好は，両者が $\sim$B 上で一致しているので，B 上での両者の挙動のみに依存するはずである．つまり，後者の選好によって問題の条件つき選好を「定義する」道が開けることとなる．すなわち，$\mathbf{f}$ および $\mathbf{g}$ を行為，B を事象とする．$\mathbf{f}$ および $\mathbf{g}$ を B 上で一致するように変形したものを各 $\mathbf{f}'$ および $\mathbf{g}'$ とすると，$\mathbf{f}' \leq \mathbf{g}'$ ならば $\mathbf{f} \leq \mathbf{g}$ given B と表記する．この $\leq$ given B は，$\mathbf{f}$ および $\mathbf{g}$ の B 上での挙動のみに依存するはずなので，「一致させる変形」のやり方には依存しないはずであり，もし依存するとすればそれは不合理といってよいであろう．そこで次の第二公準 **P2** が

提示される．

**P2.** **f**′, **g**′, **f**″, および **g**″ を行為とし B を事象とする．**f**′ および **g**′ は~B 上で一致し，**f**″ および **g**″ も同様とする．また，**f**′ および **f**″ は B 上で一致し，**g**′ および **g**″ も同様とする．この場合，**f**′ ≤ **g**′ ならば **f**″ ≤ **g**″．

この **P2** は，表層的には ≤given の定義の成立を保証する，つまり条件つき選好が well-defined であることを保証するものだが，**P2** を侵犯する「個」は，「商量の原理」に反することとなるので不合理であるとするのが，その内実である．つまり，「商量の原理」により，合理的「個」は **P2** を自身に課すこととなる．

条件つき選好を利用すると，事象が実際上不可能である（virtually impossible）ことを，次のように定義できる．すなわち，B を事象とする．いかなる行為 **f** および **g** に対しても **f** ≤ **g** given B となることを，B は実際上不可能であるという．また，二項関係 ≤given B から二項関係 <given B が通常の流儀で定義できる．無差別関係 =·given B も同様である．

条件つき選好にとって重要な命題を述べておきたい．$n$ を正の整数としておく．事象の列 $(B_i; i = 1, \cdots, n)$ が B に対する分割であるとは，$B_i, i = 1, \cdots, n$ が互いに排反であり，かつ B = ∪ $\{B_i; i = 1, \cdots, n\}$ となることである．すると，事象 B に対する分割 $(B_i; i = 1, \cdots, n)$ に対して，**f** ≤ **g** given $B_i, i = 1, \cdots, n$ ならば **f** ≤ **g** given B．さらに，ある番号 $j$ に対して **f** < **g** given $B_j$ ならば，**f** < **g** given B．特に B = S ならば，結論の given B を省ける．これは極めて基本的な命題である．

## A.6　結果の間の選好と第三公準

結果とは「個」が荷うこととなる窮極的な「むくい」であり，「個」における純粋経験である．このような「個」の状態が一つでも存在すれば Csq は空ではない．しかし結果の間で（サヴェジの意味での）選好を考えるということができるのであろうか．自身が荷うかもしれない「むくい」の間で「個」が

自身の嗜好（taste）を考えることは別に不思議ではない．しかし，この嗜好と「個」の行為との間にいかなる関わりがあるのかは自明ではない．

サヴェジは「個」の嗜好を「個」の選好の統制下に置くために，定数的（constant）行為を導入する．つまり，行為はすでに S から Csq への写像として捉えられているので，任意の結果に対して，つねにその結果のみを値として取る S 上の写像を導入するのであり，このような写像が定数的と呼ばれるのである．結果 c に対応する定数的行為を ⟨c⟩ と記すこととしておく．そこで，c および d を結果とすると，c≤d とは ⟨c⟩≤⟨d⟩ のことである，と定義するのである．なお通常の流儀で結果間の ＜ も定義できる．無差別関係 =· も同様である．

だが，定数的行為とは自明なものではない．「この世界」の状態がいかなるものであれ自身の純粋経験を一定に保つという，いわば「不動の」行為である．この「不動の」行為に対して，次の第三公準 **P3** が導入される．

**P3.** c および d を結果とし，B を実際上不可能ではない事象とする．この場合，c≤d と ⟨c⟩≤⟨d⟩ given B とは同値である．

この **P3** に関わる重要な命題を述べておきたい．$n$ を正の整数とする．$(B_i; i=1,\cdots,n)$ を B に対する分割とする．また，$(c_i; i=1,\cdots,n)$ および $(d_i; i=1,\cdots,n)$ を結果の列とする．各 $i$ に対して $B_i$ 上で $c_i$ および $d_i$ を取る行為を，各 **f** および **g** とする．この場合，$c_i \leq d_i, i=1,\cdots,n,$ ならば **f**≤**g** given B．さらにある $j$ に対して $c_j < d_j$ かつ $B_j$ は実際上不可能ではないならば，**f**＜**g** given B．特に B=S ならば，結論の given B を省ける．

## A.7 定性的個人的確率

次に個人的確率（personal probability）の定式化である．「その個人」が二つの卵（茶と白としておく）に直面しており，二者択一を迫られているとする．選んだ卵が「食える」のならば現金 100 円の賞がもらえ，然らざれば賞はないとする．彼が「茶」を選べば，「食える」ということに関しては，「白」よ

りも「茶」が（彼にとっては）より確からしいと，（彼が）判断していると見なして，別に不都合はないであろう．この「より確からしい」という判断の様式は，「個」の行為によって定まるものであり言辞的なものではない．黙然とした行為によって表明される「個」のオピニオン（opinion）である．しかし，賞金の額が正ではあるが変化した場合，例えば79円に減額される場合，「その個人」の判断が「白」へと逆転することを容認すべきであろうか．このようなオピニオンの「ぶれ」は不合理であるとして，排除するのがサヴェジの立場である．つまり「その個人」は，賞が1円であれ10000円であれ，思慮深く黙然と自身の道を選ぶのであり，この選びには「ぶれ」がないのである．

　この（「個」における）「確からしさ」を定式化する際には，無差別性を考慮して「より確からしいには非ず」という間接的な選好が導入される．つまり，例えば，「白が食えることは茶が食えることよりも，より確からしいには非ず（not more probable than）」などとなる．

　問題はこの「確からしさ」の定式化である．サヴェジは，そのために次の第四公準 **P4** および第五公準 **P5** を導入する．

**P4.**　A および B を事象とし，c, c′, d, および d′ を結果とし，**f**, **f′**, **g**, および **g′** を行為とする．さらに，c′<c かつ d′<d として，**f** および **g** は，A および B 上で各値 c を，〜A および〜B 上で各値 c′ を取り，**f′** および **g′** は，A および B 上で各値 d を，〜A および〜B 上で各値 d′ を取るものとする．この場合，**f**≤**g** ならば **f′**≤**g′**．

**P5.**　c<d を満たす結果 c および d が存在する．

　世界 S は空ではないとしたが，そうしなくとも **P5** より空ではないことが従う．また，Csq も空ではないとしたが，**P5** より当然空ではない．またこの **P5** より，S が実際上不可能とはなり得ないことが従う．
　次に定性的個人的確率の定義である．A および B を事象とする．A≤B つまり「A は B よりもより確からしいには非ず」とは，「c′<c となる任意の結果 c および c′ に対して **f**⟨A⟩≤**f**⟨B⟩」となることである．なお，ここで **f**⟨A⟩

とは，A 上で c を，〜A 上で c′ を取る行為であり，f⟨B⟩ も（B に対する）同様の行為である．**P4** および **P5** などより事象間の（自明でない）この二項関係が存在する．これを「その個人」の定性的個人的確率と呼ぶ．また通常の流儀で < も定義できる．無差別関係 =· も同様である．

定性的個人的確率は次の（1）（2）（3）を満たす．

（1） それは単純な順序である．
（2） B，C，および D を事象とし，さらに B∩D＝C∩D＝∅ とすると，B≤C と B∪D≤C∪D とは同値である．
（3） A を事象とすると ∅ ≤ A であり，しかも ∅ < S である．

なお，**P3** などに注意することで，A が実際上不可能であることと A =· ∅ とが同値となることが従う．

定性的個人的確率はいくつかの基本的性質，例えば，「B≤B′ かつ C≤C′ で B′∩C′＝∅ ならば，B∪C≤B′∪C′」などを満たしている．また，実際上不可能な事象の有限合併は実際上不可能である．

事象とは「この世界」S の部分集合のことであり，可測性に関する議論なしに定性的個人的確率が導入されていることには，やはり用心すべきである．

## A.8　確率の定量化と P6′

この **P6′** とは次である．

**P6′**．B および C を事象とする．B<C ならば，「この世界」S に対するある分割が存在してその任意の項 D に対して B∪D<C．

問題はこの **P6′** の根拠である．「その個人」が，ありふれた一枚のコインに着眼し，これを投げ上げて裏 (T) か表 (H) かを観察するという，想像上の実験を想定するものとしよう．$n$ を正の整数として，$n$ 回投げ上げると想定すると，T および H からなる長さ $n$ の可能な列は全体で $2^n$ 個であり，「この世界」

Sは,「想像上の実験の場」で, $2^n$ 個に分割されることとなる. $n$ が大きくなるに従ってSはいわば「細分」されるのである. そこで, このような「細分」を考えて,「その各項Dに対してB∪D<C」とできるのならば, つまり $n$ を十分に大にとって問題の不等関係が従うと「その個人」が判断するのならば, 彼は自身に対してこの **P6′** を課すこととなるのである. ここで用心すべきなのは, TかHかは無差別であるというような「確からしさ」の同等性は何ら仮定されていないということである. 何らかの無差別な, つまり一様な分割を想定するのならば, それは元来証明されるべき「確からしさ」の定量化可能性を, 事実上部分的に前提としていることとなり, そのような無差別性の仮定は論理的に受け入れ難いのである.

B<Cとは「C≤Bには非ず」ということであった. つまり「非ず」という作用素によって間接的に定義されている「間接的な」選好である. これをpositiveに解釈できるように特徴づけるのが **P6′** である. これを「選好の連続性に関する仮定」として言及する流儀があるが, 実際には positive preference (<) の特徴づけであり, 「その個人」の選好の特徴づけの一角である.

定性的個人的確率は **P6′** を導入することによって一意的に定量化され, しかもその定量的確率は精密である, というのがサヴェジの基本命題の一つである. 定量的確率の定義だが, PがS上の定量的確率であるとは, 次の(0)(1)(2)(3)を満たすことである.

(0) PはSの各部分集合(つまり事象)に対して実数値を対応させる関数である.
(1) 任意の事象Bに対して $P(B) ≥ 0$.
(2) $B ∩ C = \emptyset$ ならば $P(B ∪ C) = P(B) + P(C)$.
(3) $P(S) = 1$.

また, 定量的確率Pが定性的確率 ≤ に一致するとは,

「BおよびCを事象とすると, B≤Cと $P(B) ≤ P(C)$ とは同値」

ということである. さらに, 定量的確率Pが精密であるとは,

「任意の事象 B と 0 以上 1 以下の任意の実数 $\rho$ に対して，B のある部分集合 C が存在して P(C) = $\rho$P(B)」

ということである．

確率の定量化に関するサヴェジの基本命題は，

「定性的個人的確率 $\leq$ が **P6′** を満たす場合，S 上のある定量的確率 P が存在して P は $\leq$ に一致する．さらにこの P は一意的に定まり，しかも精密である」

と表現される．

この命題を導く際に，彼は次の等分割補題を従属選択の原理を使って導き，この補題を活用している．

**等分割補題．** $\leq$ を定性的個人的確率とし **P6′** を満たすとする．この場合，任意の事象 B に対してある事象 C および D が存在して，B = C∪D，C∩D = ∅，かつ C =・D．

なお，従属選択の原理は次の様式とする．すなわち，A を集合とし R をその上の二項関係とする．A の任意の元 x に対して A のある元 y が存在して R(x, y) ならば，A の任意の元 a に対して $\omega$ から A へのある写像 f が存在して，f(0) = a かつ任意の n∈$\omega$ に対して R(f(n), f(n+1))．なお，$\omega$ は 0 から始まる自然数の全体である．この原理は A = ∅ だと恒真（tautology）である．

サヴェジは，**P6′** の一般化である次の **P6** を第六公準として掲げる．

**P6.** **f** および **g** を行為とし c を結果とする．**f** < **g** ならば，S に対するある分割が存在して次の（1）および（2）を満たす．

（1）その分割の任意の項に対して，その項上で値 c を取り他では **g** と一致する行為 **g′** に対して **f** < **g′**．

（2）その分割の任意の項に対して，その項上で値 c を取り他では **f** と一致する行為 **f′** に対して **f′** < **g**．

サヴェジの「その個人」は，**P1** から **P6** までを規範として自身に課すのである．

## A.9　条件つき確率の概念

B を事象とすると，条件つき選好 ≤given B がすでに導入されている．ここで B が実際上不可能ではないとすると，もとの選好 ≤ が **P1** から **P5** までと **P6′** とを満たせば，この条件つき選好もこれら六つの公準を満たすことが従う．C および D を事象として，**P4** と同様にして行為 f⟨C⟩ および f⟨D⟩ を一対取り，f⟨C⟩ ≤ f⟨D⟩ given B によって，C ≤ D given B を定義することができそうである．つまり，条件つき定性的確率の定義ができそうなのである．しかし，「ためし」の行為対 f⟨C⟩ および f⟨D⟩ は一意とは限らない．一方，f⟨C⟩ ≤ f⟨D⟩ given B と C ∩ B ≤ D ∩ B とは同値である．そこで，
$$C \leq D \text{ given } B \text{ を } C \cap B \leq D \cap B$$
によって定義することとする．

もとの選好と一致する「その個人」の定量的確率 P は一意的に定まるが，P(B) ≠ 0 とすると，さきの六つの公準により，≤given B に一致する「その個人」の定量的確率も一意的に定まり，これを P(·|B) と表記すると，一意性より，任意の事象 A に対して
$$P(A|B) = P(A \cap B)/P(B)$$
でなければならないことが従う．通常条件つき確率は，「確率」を「確率」で割るという流儀によって，天下り式に「定義」されるのだが，サヴェジの枠組みからすれば，この「定義」は演繹されるのである．条件つき確率を定めるこの等式により，確率算の乗法法則
$$P(B \cap C) = P(B)P(C|B),$$
ただし P(B) ≠ 0，が従い，Bayes' rule,
$$P(A|B) = P(A)P(B|A)/P(B), \quad P(B) \neq 0,$$
もほぼ明らかとなる．なお，乗法法則において，P(B) = 0 の場合は P(C|B)

を任意の実数値に固定しておくと約束すれば，両辺が 0 となりやはり等号が成立する．このように規約しておけば，Bayes'rule は P(A) = 0 でも成立する．なお定量的確率 P(·|B)，P(B) ≠ 0, は，精密である．

P(A|B) の解釈だが，「B が通用している」という条件の下での「A の確率」ということだが，「観察」との関わりからすれば，確率 P(A) は，「B の通用」を（「その個人」が）観察することによって，確率 P(A|B) へと改訂されるのである．すなわち，条件つき確率は，「「観察」による学習（learning）」という作業への，一つの定式化となっている．

## A.10　効用関数の存在

有限個の値のみを取る行為を単純な行為と呼ぶこととする．S に対する分割に対して，各項上で一つの結果のみを値として取る，S から Csq への写像を考えると，これは単純な行為である．単純な行為の間の選好 ≤ は期待効用によって表現されるというのがサヴェジの二番目の基本命題である．そのためには効用関数なるものを定義しておく必要がある．

行為 **f** が取り得る値の全体を Csq(**f**) と記すこととする．すなわち，

$$\mathrm{Csq}(\mathbf{f}) = \{c \in \mathrm{Csq} \mid \exists s \in S (c = \mathbf{f}(s))\}$$

とする．**f** が単純な行為であれば Csq(**f**) は空でない有限集合となる．W を Csq 上で定義されている実数値を取る関数とする．単純な行為 **f** に対して

$$\langle W, \mathbf{f} \rangle = \sum_{c \in \mathrm{Csq}(\mathbf{f})} W(c) P(\mathbf{f} = c)$$

と置く．ここで P(**f** = c) は，通常の流儀に従って，P({**f** = c}) のこととし，{**f** = c} は {s ∈ S | **f**(s) = c} に対する略記である．U が選好 ≤ に対する効用関数であるとは，

「U は Csq 上の実数値を取る関数で，任意の単純な行為 **f** および **g** に
対して，**f** ≤ **g** と ⟨U, **f**⟩ ≤ ⟨U, **g**⟩ とは同値」

となることである．

つまりサヴェジの二番目の基本命題とは，「その個人」の選好 ≤ を単純な行為へと制限すると，P1 から P6 までを前提とすれば，この制限された選好に対して効用関数が存在し，しかもこの効用関数は自明な多様性を無視すれば一意的に定まる，というものである．ここでの「自明な多様性」とは，U を任意の効用関数とすると，任意の正の実数 $a$ と任意の実数 $b$ に対して，$a$U+$b$ も効用関数となることを指している．したがって「一意」とは，任意の効用関数 U および V に対してある正の実数 $a$ とある実数 $b$ とが存在して V=$a$U+$b$ となることである．

つまり P1 から P6 までを前提とすれば，「その個人」の選好は，単純な行為に制限すれば期待効用によって表現されるのである．この場合の効用関数を狭義の効用関数と呼ぶこととする．

## A.11　第七公準と期待効用の拡張

第七公準 P7 とは次である．

**P7.** **f** および **g** を行為とし B を事象とする．この場合次の（1）（2）が成立する．

（1）　任意の s∈B に対して **f**≤⟨**g**(s)⟩ given B ならば，**f**≤**g** given B．
（2）　任意の s∈B に対して ⟨**f**(s)⟩≤**g** given B ならば，**f**≤**g** given B．

サヴェジはこれが「商量の原理」から従うとしているが，それは無理である．これはサヴェジ自身の発案による公準と見なすべきである．

ここで注意すべきことは，P1 から P6 まででその存在が導出される狭義の効用関数は，P7（および従属選択の原理）の下では有界となるということである．そこで U を狭義の効用関数とし **f** を任意の行為とすると，その合成 U∘**f** は，S 上の有界実関数となる．一方，S 上の任意の有界実関数 X に対して，「その個人」の確率 P に関する個人的期待値 E(X) が存在する．ただしここで E(・) は，個人的確率 P に関する期待値作用素である．サヴェジ自身は，

この期待値作用素の定義および存在を明白には述べてはいないが，Lebesgue 式の近似和を使って何とか定義できるのである（このサヴェジの期待値作用素については園（2012，7月）あるいは付録Bを参照して頂ければ幸いである）．

するとサヴェジの三番目の基本命題が従う．すなわち，Uを狭義の効用関数，$\mathbf{f}$ および $\mathbf{g}$ を（単純とは限らない一般的な）行為とすると，$\mathbf{f} \leq \mathbf{g}$ と $E(U \circ \mathbf{f}) \leq E(U \circ \mathbf{g})$ とは同値である．つまり，「その個人」の選好 $\leq$ は行為の期待効用によって表現されるのである．ここで，$\mathbf{f} < \mathbf{g}$ と $E(U \circ \mathbf{f}) < E(U \circ \mathbf{g})$ とは同値であるので，「その個人」は自身の期待効用を最大化するように行為することとなる．

条件つきの期待値作用素も通常のように導入される．$P(B) \neq 0$ とする．すると条件つき確率 $P(\cdot|B)$ に関する期待値作用素 $E(\cdot|B)$ を導入できる．一方，任意の事象Aに対して，ただしAの指示関数（indicator）を $I_A$ とすると，

$$\int_A X|A \, dP = \int_S XI_A \, dP$$

となるので，左辺の積分を $E(X, A)$ と表記すると，

$$E(\cdot|B) = E(\cdot, B)/P(B)$$

が従う．（$E(X, A)$ の呼称だが，X に対する A 上の半期待値（partial expectation）とするのはいかがか）．なお，$\mathbf{f} \leq \mathbf{g}$ given B と $E(U \circ \mathbf{f}|B) \leq E(U \circ \mathbf{g}|B)$ とは同値である．

## A.12 補遺―なぜ古典か？―

サヴェジの「基礎論」は，経済学および統計学の古典として今日でも言及されることがある．しかしどこまで熱心に読まれているかは明白ではない．むしろ読まれざる古典ではないのかと筆者などは思っている．古典を読むことに仮に何らかの御利益があるとすれば，それは先人がどこまで真剣に考えているのかを謙虚に学べることであろう．サヴェジは彼の七つの公準を導入することによって，事物論理の一角を定式化しようと努めている．純論理の達人である「その個人」が，事事物物に即した論理を展開する際に，これら七つの公準を

自身に課すのであるが，それは結局「自身の期待効用を最大化せよ」という maxim を自身が荷うことに他ならない．事物論理の一角への定式化は，「期待効用最大化の原理」へと通じるのである．このことは決して自明ではない．ここではサヴェジの労作である七つの公準を凝縮して紹介したが，数学の基礎に関心のある諸賢が，事物論理に少しでも眼を向けるきっかけとなれば，幸いである．

# 付録 B　サヴェジ基礎論における期待値作用素概念について

## B.1　はじめに

　サヴェジ氏は「基礎論」において，自身の「個人的確率，personal probability」に基づく期待値作用素を利用しているが，その明白な定義を避けている．彼にとっての「合理的な個人」は，終にはいかなる「事象，event」に対しても「確率」を配分するに至る，理念的「存在」なのだが，一方この「確率」は，加法法則，つまり有限加法性を満たすのだが，完全加法性を満たす保証はないのである．サヴェジ氏は Bruno de Finetti の議論を支持しており，つまり（合理的個人が従う規範としての）「公準たち，postulates」に完全加法性を加えることを退けて，あくまでもそれを生産的な「仮説，hypothesis」として取り扱うのである．

　サヴェジ氏の念頭にある例をあげると，次のようなものがある．（1から始まる自然数系列 $\mathbf{N}$ を添数集合とする）有界な実数列に作用する Lim を Banach 極限として，$\mathbf{N}$ の任意の部分集合 $A$ に対して，

$$P(A) = \mathrm{Lim}(\#A[n]/n ; n \in \mathbf{N})$$

と置く．ただし，

$$A[n] = \{m \in A \mid m \leq n\}$$

である．するとこの $P(\cdot)$ は，$\mathbf{N}$ の任意の部分集合に実数値を対応させる有限加法的確率測度であり，

$$P(\mathbf{N}) = 1, P(\{n\}) = 0 \ \forall n \in \mathbf{N}$$

より，完全加法性は満たさない．また，
$$P(\mathbf{N}[n]) = 0 \ \forall n \in \mathbf{N}, \ \cup \{\mathbf{N}[n] | n \in \mathbf{N}\} = \mathbf{N}$$
より，単調収束定理が成立しない．このような $P$ を自身の「確率」として採用する「個人」を，はたして「不合理である」として排除することができるのであろうか．つまり，「明白に損な選択をしている」とか，「計算上の間違いをおかしている」とかで，「不合理」と断定できるのであろうか．サヴェジ氏はこのような $P$ も個人的確率となり得ると判断しているのである．なおこの $P$ と任意の $n \in \mathbf{N}$ とに対して，$\mathbf{N}$ に対する分割
$$(A(i); i \in \mathbf{N}[n]) \ \text{で} \ P(A(i)) = 1/n \ \forall i \in \mathbf{N}[n]$$
を満たすものが存在する．

## B.2　Lebesgue 式近似和

「世界，world」$\mathbf{S}$ の「任意の」部分集合に対して実数値を対応させる有限加法的確率測度 $\mathbf{P}$ を任意に固定しておく．$\mathbf{P}(\emptyset) = 0$ かつ $\mathbf{P}(\mathbf{S}) = 1$ かつ $0 \neq 1$ より $\mathbf{S}$ は空ではない．$\mathbf{S}$ の任意の部分集合 $A$ に対して，$\mathbf{P}$ に関する「積分」$\int_A$ を定義するのだが，$A$ 上で定義されている実数値を取る（$A$ 上で）有界な「任意の」関数 $f$ に対して値 $\int_A f$ を，Lebesgue 式の近似和の「極限」で定めることとする．

下から上へと増大する「縦軸」を想定しておく．
$$a \leq f(s) \leq b \ \forall s \in A$$
を満たす実数 $a, b (a \leq b)$, が存在する．区間 $[a, b]$ に対する分割
$$\Delta = (I_0, \cdots, I_n) (n \geq 0)$$
を考える．ここで各 $I_i$ は空でない区間とし，これらは下から上へと並んでいるものとする．また，各 $I_i$ は上下の端点によって規定されるが，これらおのおのがその区間に属するか否かは各区間の事情による．また，点列 $\xi = (\xi_i; i = 0, \cdots, n)$ で，各 $i$ に対して

$$\xi_i \in [\inf I_i, \sup I_i]$$

を満たすものを考える．このような点列を分割 $\Delta$ に対応する点列と呼ぶ．そこで Lebesgue 式の近似和，

$$S(\xi, \Delta) = \sum_{i=0}^{n} \xi_i P(A\{f \in I_i\}),$$

$$A\{f \in I_i\} = \{s \in A \mid f(s) \in I_i\},$$

を導入する．特に，$\xi_i = \sup I_i, i = 0, \cdots, n$ の場合の近似和を $U(\Delta)$，inf の場合を $L(\Delta)$ とする．ここで次が従う．

$$aP(A) \leq L(\Delta) \leq S(\xi, \Delta)$$
$$\leq U(\Delta) \leq bP(A).$$

また分割の幅 $|\Delta|$ を

$$|\Delta| = \max(\sup I_i - \inf I_i; i = 0, \cdots, n)$$

と定義しておく．

ところで仮に $f$ の「積分値」$I(f, a, b)$ が「定義」されたとして，分割の列 $(\Delta(n); n \in \mathbb{N})$ で $|\Delta(n)| \to 0, n \to \infty$ を満たすもので，ただし $\xi(n)$ は $\Delta(n)$ に対応するある点列として，

$$S(\xi(n), \Delta(n)) \to I(f, a, b),$$
$$n \to \infty$$

を満たさないものが存在するとすれば，その「定義」には問題があることとなるであろう．しかも，「積分値」は $a, b$ の取り方には依存しないはずである．この点に注意して，次に「積分」を定義することとする．

## B.3 積分の定義

分割

$$\Delta = (I_0, \cdots, I_n) \quad (n \geq 0)$$

が上に閉じているとは，各区間 $I_i$ の上端 $\sup I_i$ がその区間自身に属することである．上に閉じている分割 $\Delta$ および $\Delta'$ の分点を合併することによって得ら

れる上に閉じている分割を考えることにより，任意の上に閉じている分割 $\Delta$ および $\Delta'$ に対して，$L(\Delta') \leq U(\Delta)$ となることがわかる．すると，上に閉じている分割の全体にわたる sup および inf を考えると，$\sup_\Delta L(\Delta) \leq \inf_\Delta U(\Delta)$ となる．一方，有限加法性により，

$$0 \leq U(\Delta) - L(\Delta)$$
$$\leq |\Delta| P(A)$$

となるが，ここで任意の正の数 $\varepsilon$ に対してある $\Delta$ が存在して $|\Delta| < \varepsilon$ とできるので，

$$\sup_\Delta L(\Delta) = \inf_\Delta U(\Delta)$$

が従い，この値を $I$ とすると，

$$0 \leq U(\Delta) - I$$
$$\leq U(\Delta) - L(\Delta)$$
$$\leq |\Delta| P(A)$$

となる．

次に $\Delta = (I_0, \cdots, I_n)$ を一般の分割として，$I_i$ の上端がこの区間に属していればそのままとし，属していなければ上の区間からその点を分離してこの区間に添加するという変形を，各 $I_i$ に対して行い，このようにして得られる分割を $\Delta^*$ とする．また，$\xi = (\xi_i; i = 0, \cdots, n)$ を $\Delta$ に対応する任意の点列とすると，近似和 $S(\xi, \Delta)$ に対して，

$$|S(\xi, \Delta) - U(\Delta^*)| \leq |\Delta| P(A)$$

となる．したがって，

$$|S(\xi, \Delta) - I| \leq 2|\Delta| P(A)$$

が従う．これより，任意の正の数 $\varepsilon$ と $|\Delta| < \varepsilon/2$ を満たす任意の分割 $\Delta$ と，それに対応する任意の点列 $\xi$ とに対して，$|S(\xi, \Delta) - I| \leq \varepsilon$ となる．したがって，$I$ は前節で述べた収束に関する要請を満たしている．

ただし，$I$ は見かけ上 $a, b$ に依存しているので，これを $I(a, b)$ と記すと，別の $a', b'$ に対して，$a'' = \max(a, a')$，$b'' = \min(b, b')$ と置くと，

$$I(a,b) = I(a'', b'')$$
$$= I(a', b')$$

となり，$I$ は $a, b$ の取り方に依存しないことがわかる．この $I$ を $\int_A f$ と表記する．近似和の定義により，平均値の定理，

$$aP(A) \leq \int_A f \leq bP(A)$$

が成立している．

また上に閉じている任意の分割 $\Delta$ に対して，

$$U(\Delta) = \sum_{i=0}^{n} \sup I_i \, P(f \in I_i)$$
$$= \sum_{i=0}^{n} -\inf[-I_i] P(-f \in [-I_i])$$
$$= -\sum_{j=0}^{n} \inf[-I_{n-j}] P(-f \in [-I_{n-j}])$$

なので，$|\Delta| \to 0$ として，

$$\int_A f = -\int_A (-f)$$

となり，

$$\int_A (-f) = -\int_A f$$

を得る．

また $(A_i; i=1, \cdots, n)(n>0)$ を，$A$ に対する分割として，$(a_i; i=1, \cdots, n)$ を互いに異なる実数値からなる列とし，$f$ を各 $A_i$ 上で値 $a_i$ を取る関数とすると，$\int_A$ の定義により，

$$\int_A f = \sum_{i=1}^{n} a_i P(A_i)$$

が従う．特に定数 $c$ に対しては，

$$\int_A c = cP(A)$$

だが，左辺の $c$ は $A$ 上で値 $c$ のみを取る関数である．

## B.4 定義域に関する加法性

$A, B$ を共に S の部分集合とし，$f$ を $A \cup B$ 上で定義されている有界な実数値関数とすると，

$$A \cap B = \emptyset \Rightarrow \int_{A \cup B} f = \int_A f + \int_B f$$

が従う．ここで右辺の $f$ は，順に $f|A$，$f|B$ である．実際，任意の分割 $\Delta$ に対して，$A$ と $B$ とが互いに排反ならば，

$$P((A \cup B)\{f \in I_i\}) = P(A\{f \in I_i\} \cup B\{f \in I_i\})$$
$$= P(A\{f|A \in I_i\}) + P(B\{f|B \in I_i\})$$

となるので，近似和 $U(\Delta)$ は，$A, B$ の各分担へと分割される．そこで $|\Delta| \to 0$ とすればよい．

$f$ を $A$ 上の有界関数として，$(A_i; i = 1, \cdots, n)$ を $A$ に対する分割とすると，数学的帰納法により，

$$\int_A f = \sum_{i=1}^n \int_{A_i} f$$

が従う．また $\int_\emptyset f = 0$．

なお $B$ が $A$ の部分集合である場合，$A$ 上で定義されている $B$ の指示関数を，$I_{B,A}$ と記す．つまり $I_{B,A}(x), x \in A$ は，$x$ が $B$ に属しているか否かに応じて，各値 1 か 0 を取る．すると，

$$\int_A I_{B,A} f = \int_B f$$

が従う．ただし，右辺の $f$ は $f|B$ である．さらにまた，$B \subset A$ で $g$ の定義域

は $B$ とし，$B$ 上で $g$ に一致し，他の $A$ 上で値 $0$ を取る $g^*$ を考えると，

$$\int_B g = \int_A g^*$$

となる．なお，$I_{B,\mathrm{S}}$ は単に $I_B$ と記される．

## B.5 順序を弱く保つ

$f$ および $g$ を $A$ を定義域とする（実数値を取る）有界関数とし，

$$f(x) \leq g(x)\,\forall\, x \in A$$

とする．この場合，

$$\int_A f \leq \int_A g$$

が従う．実際，分割 $\Delta = (I_i; i = 0, \cdots, n), n \geq 0$ に対して

$$A_i = A\{f \in I_i\}$$

と置くと，

$$\inf I_i \leq f(x) \leq g(x)\,\forall\, x \in A_i$$

となるので，平均値の定理により，

$$\inf I_i\, P(A_i) \leq \int_{A_i} g$$

であり，定義域に関する加法性を使えば，

$$\sum_{i=0}^{n} \inf I_i\, P(A_i) \leq \sum_{i=0}^{n} \int_{A_i} g$$

$$= \int_A g$$

となる．左辺は $f$ に対する近似和で $\Delta$ は任意．したがって，結論を得る．

特に $0 \leq f(x)\,\forall\, x \in A$ とすると，

$$\int_A f \geq 0$$

である．しかし，冒頭の節で言及した $P$ に関しては，$f(x)=1/x,\ x\in\mathbf{N}$ とすると，

$$f(x)>0\,\forall\, x\in\mathbf{N} \quad \text{かつ} \quad \int_{\mathbf{N}} f = 0$$

である．

## B.6 線形性

$c$ を定数，$f$ を $A$ 上の有界関数とすると，

$$\int_A (c+f) = cP(A) + \int_A f$$

となる．ただし，左辺の $c$ は $A$ 上で値 $c$ のみを取る関数である．実際，$\Delta$ を B.2 節と同様の（ただし，$[a+c,b+c]$ に対する）分割とすると，$c+f$ に対する近似和 $U(c+f,\Delta)$ は，

$$\begin{aligned}
U(c+f,\Delta) &= \sum_{i=0}^{n} \sup I_i\, P(A\{c+f\in I_i\}) \\
&= \sum_{i=0}^{n} (c+\sup[I_i-c])\, P(A\{f\in [I_i-c]\}) \\
&= cP(A) + \sum_{i=0}^{n} \sup[I_i-c]\, P(A\{f\in [I_i-c]\})
\end{aligned}$$

と書ける．二項目の総和は $f$ に対する近似和 $U(f,\Delta')$ だが，ここで，$\Delta'$ は $[a,b]$ に対する分割であり，$|\Delta|=|\Delta'|$ である．したがって，$|\Delta|\to 0$ とすることで，結論の式が得られる．

$f,\Delta$ は B.2 節と同様とし，$g$ を $A$ 上の有界関数とする．

$$f(x)+g(x) \leq \sup I_i + g(x),$$
$$\forall\, x \in f^{-1}[I_i]$$

となる．ゆえに，

$$\int_{f^{-1}[I_i]} (f+g) \le \int_{f^{-1}[I_i]} (\sup I_i + g)$$
$$= \sup I_i P(A\{f \in I_i\}) + \int_{A\{f \in I_i\}} g$$

となり，$\sum_i$ をほどこすと，定義域に関する加法性を使って，

$$\int_A (f+g) \le \sum_{i=0}^n \sup I_i P(A\{f \in I_i\}) + \int_A g$$
$$= U(\Delta) + \int_A g$$

を得る．同様にして，

$$L(\Delta) + \int_A g \le \int_A (f+g)$$

が得られる．したがって，$|\Delta| \to 0$ として，

$$\int_A (f+g) = \int_A f + \int_A g$$

が従う．

また，定数 $a$ に対して，

$$\int_A af = a\int_A f$$

となる．実際，$a$ を正とすると，

$$\sum_{i=0}^n \sup I_i P(A\{f \in I_i\})$$
$$= a^{-1}\sum_{i=0}^n \sup [aI_i] P(A\{af \in [aI_i]\})$$

より，

$$\int_A f = a^{-1}\int_A af$$

となり，従う．$a=0$ だと明らか．$a$ が負の場合は，B.3 節で示しておいた

$$\int_A (-f) = -\int_A f$$

を利用すれば，正の場合に帰着する．

以上により $\int$ の線形性が従うが，数学的帰納法により，

$$\int_A \sum_{i=1}^n a_i f_i = \sum_{i=1}^n a_i \int_A f_i$$

となる．

## B.7 期待値および半期待値という言葉

以上により，$\int$ が実際に「積分」であることが確認された．また，$\int_A f$ を，

$$\int_A f(s)P(ds)$$

と表記してもよいであろう．特に，

$$\mathbf{E}(f) = \int_S f(s)P(ds)$$

と置き，$\mathbf{E}(f)$ を $f$ の「期待値，expectation」と呼ぶこととする．ただし，ここに $f$ は S 上の有界関数である．さらに，

$$\mathbf{E}(f, A) = \mathbf{E}(I_A f)$$
$$= \int_A f$$

と置く．ここで，二番目の等号は B.4 節の段落より従う．また右辺の $f$ は $f|A$ である．この $\mathbf{E}(f, A)$ の呼称が見当たらないが，$f$ の $A$ 上の「半期待値，partial expectation」とでも呼んではいかがであろうか．また以上で，サヴェジ氏の期待値作用素 $\mathbf{E}(\cdot)$ が「正式に」導入されたこととなる．

## B.8 効用関数の有界性

サヴェジ氏の公準系では，第七公準 **P7** を利用することによって，個人的効用関数の有界性が従う．彼の期待値作用素 $\mathbf{E}$ はこの「有界効用」に作用するのである．つまり，個人的効用関数 $\mathbf{U}$ とその個人の行為 $\mathbf{f}$ とに対して，

$$\mathbf{E}(\mathbf{U}\circ\mathbf{f}) = \int_S \mathbf{U}(\mathbf{f}(s))\,P(ds)$$

を考えるのである．個人の価値尺度が上に有界でないのならば，すなわち，いかなる有限の限界をも越えて増大し得るのならば，St. Petersburg paradox に突き当たるので，「その個人」は「事実上の不合理」に陥ることとなる．つまり彼は，「コモン・センス，common sense」に反する，「事実上は明白に損である」選択を為すに至るのである．つまり効用関数は上に有界でなければならない．同様にして，効用関数は下にも有界である．特に「その個人」の「貨幣，money」に対する効用関数は有界なのである．

## B.9　補遺1―区間の概念―

B.2 節で実数直線 $\mathbf{R}$ の「区間，interval」に言及したが，そこではサヴェジ氏の「基礎論」の付録 2（266 頁）の概念規定を念頭に置いた．つまり，$\mathbf{R}$ の部分集合 $I$ で，

$$\forall x, y \in I \,\forall z \in \mathbf{R}\ (x \leq z \leq y \to z \in I)$$

を満たすものを（$\mathbf{R}$ における）区間と呼ぶのであり，サヴェジ氏が表で示しているように，Dedekind 切断の原理により，区間たちは，$\varnothing, \mathbf{R}, \{x\}$ という「極端な」場合をも含めて，11 通りの「型」に分類されるのである．

## B.10　補遺2―Banach 極限―

B.1 節で言及した Lim につては，Royden (1988) の 228 頁，問 20，224 頁から 225 頁にかけての 5 命題および 223 頁から 224 頁にかけての 4 定理を参照されることを勧める．この定理とは，Hahn-Banach の拡張定理であり，また命題の方はその「精密化」である．なお，Yosida (1971) の 104 頁の定理では，添数集合が一般の有向集合に置き換えられたために，

$$\mathrm{Lim}(\xi_n; n \in \mathbf{N}) = \mathrm{Lim}(\eta_n; n \in \mathbf{N}),$$
$$\eta_n = \xi_{n+1} \,\forall\, n \in \mathbf{N},$$

という基本性質が欠落している．

## B.11 補遺 3 ―選択公理―

通常 Hahn-Banach の拡張定理は,選択公理(と同等な命題)を利用して導出される.しかし,田中(1999)の 125 頁から 131 頁で議論されているように,この拡張定理そのものは選択公理より弱い命題から導出できる.またサヴェジ氏が「基礎論」第 3 章,第 4 節,42 頁で言及しているように,Banach-Tarski paradox の問題がある.つまり,「すべての」事象に「確率」を配分するのならば,選択公理によって導出される「集合」も「確率」を持つわけだが,そこで厄介な事態が生じ得るのである.サヴェジ氏自身が注意しているように,$S$ 上の(うまく選ばれた)完全加法族に事象を制限することが,「数学」上は得策であるかもしれない.だが彼自身は結局のところそうはしなかったのである.「その個人」が統計家であるのならば,当然実証的な傾向を持っているであろうから,選択公理を無条件で受け入れるとは考えづらい.「彼」は結局選択公理を制約していく道を選ぶのではなかろうか.

# 付録 C　いくつかの文献

Anscombe, Francis J., and Robert J. Aumann, "A definition of subjective probability," *Annals of Mathematical Statistics*, 34, 199-205, 1963. Aumann は，1971 年 1 月 8 日づけの（サヴェジ氏宛の）書簡で，個人的選好によって「確率」を「定義する」というサヴェジ氏の流儀に，強い疑念を呈している．これに対してサヴェジ氏は 1971 年 1 月 27 日づけの書簡で，簡潔に，しかし親切に，自身の立場を擁護している．この二つの書簡は，Drèze (1987) の 76 頁から 81 頁にかけて，Appendix A として収録されている．

Ayer, Alfred Jules, "The conception of probability as a logical relation," 1957. この論述は，*Observation and Interpretation in the Philosophy of Physics, With Special Reference to Quantum Mechanics,* edited by S. Körner in collaboration with M. H. L. Pryce (Proceedings of the Ninth Symposium of the Colston Research Society held in the University of Bristol, April 1st-April 4th, 1957), Dover, New York, 1962 の 12 頁から 30 頁に収められている．この Dover 版は，*Observation and Interpretation; A Symposium of Philosophers and Physicists* という標題で，1957 年に Butterworths Scientific Publications, London から出版されたものの完全な再版である．ところでサヴェジ氏は Savage (1967b) の 597 頁の脚注で，この Ayer の論述が *The Problem of Knowledge*, Penguin, New York, 1956 の 67 頁から 73 頁に収められていると述べているが，この箇所には問題の論述は存在していない（なお筆者が確認したのは，A. J. Ayer, *The Problem of Knowledge, An enquiry into the main philosophical problems that enter into the theory of knowledge,* a volume of the Pelican Philosophy Series, Pelican Books A377, Penguin Books Ltd, Harmondsworth,

Middlesex, 1956 である). そこで筆者は困ってしまい, 札幌大学経済学部の原田明信教授に教えを請い, 上の S. Körner らの編集による講演録にあることを知った. 今は亡き原田教授には感謝の意を記す次第である. なお, 問題の講演録の冒頭には園 (2001 年 6 月) の第 5 節で言及した R. B. Braithwaite による議論が収められており, Ayer の論述はその直後なのである. 自身の不明を恥じる次第である. ところで, Ayer の「知識の問題」には, 邦訳, A. J. エイヤー, 神野慧一郎 (かみの・けいいちろう) 訳, 『知識の哲学』, 白水叢書 58, 白水社, 東京, 1981 年 8 月 7 日がある.

Barnard, George A., "A review of 'Sequential Analysis' by Abraham Wald," *Journal of the American Statistical Association*, 42, 658-664, 1947 (Savage (1961b) では, 左の頁数 664 が 669 となっているが当然修正すべきである). これは, Wald, Abraham, *Sequential Analysis*, Wiley, New York, 1947 への書評である. ここで Barnard は「尤度原理」を支持しているというのがサヴェジ氏の見方である. この書評の 659 頁の末尾の段落の 2 番目から 8 番目の文を引くと次である (なお, 冒頭の文中の is のイタリックは原文のままである). What, after all, *is* a simple statistical hypothesis? What does it do for us? It enables us to attach a number to experimental results—the likelihood of such results, on the hypothesis in question. The connection between a simple statistical hypothesis $H$ and observed results $R$ is entirely given by the likelihood, or probability function $L(R|H)$. If we make a comparison between two hypotheses, $H$ and $H'$, on the basis of observed results $R$, this can be done only by comparing the chances of, getting $R$, if $H$ were true, with those of getting $R$, if $H'$ were true. Mathematically, if $L(R|H) = L$, and $L(R|H') = L'$, then our decision about $H$ and $H'$, in the light of data $R$, must depend on the value of some function $f(L, L')$. Furthermore, this function $f$ must be a function of the ratio, $L'/L$, only. この部分は今日の「尤度原理」への支持のように解釈できるかもしれない. しかし筆者には, 「尤度原理」そのものへの支持とはどうも思えない. なお, 下の Fisher (1956) も参照して頂きたい.

Berger, James O., and Robert L. Wolpert, *The Likelihood Principle, Second Edition*, Lecture Notes-Monograph Series, Series Editor, Shanti S. Gupta, Volume 6, Institute of Mathematical Statistics, Hayward, CA, 1988. 第 1 版は 1984 年に出ている.

Bernardo, José M., and Adrian F. M. Smith, *Bayesian Theory*, Wiley, New York, 1994.

Bernoulli, Jacob（＝James）, *Ars Conjectandi*, Basel, Switzerland, 1713. この独語訳に, Bernoulli, Jacob, *Wahrscheinlichkeitsrechnung*, translated by R. Haussner, Ostwald's Klassiker der Exakten Wissenschaften, Nos. 107 and 108, W. Engelmann, Leipzig, 1899 がある. 一方, ラテン語の原著が, 1968 年に the Belgian publishing house Culture et Civilisation から再版されている. 完全な英訳はいまだにないようだが, 英語の資料について, Johnson and Kotz (1997) の Bernoulli 家の項目中の 20 頁の 2 番目の段落に簡潔な説明があり, さらに, Hacking (1975) の文献表中の 188 頁の Bernoulli, Jaques (Jakob I or James) の箇所にも短い註がある. また, Hacking のこの書物の第 16 章, The art of conjecturing (1692 [?] published 1713), および第 17 章, The first limit theorem, では Jacob Bernoulli の業績が考察されている. なお Hacking は独訳は complete だと述べているが, サヴェジ氏は「基礎論」第一版の文献表の 272 頁で, Unfortunately, the German translation is said to be incomplete などと言っている. たぶんサヴェジ氏の勘違いであろう.

Birnbaum, Allan, "On the foundations of statistical inference," *Journal of the American Statistical Association*, 57, 269-306, 1962. この論文の後に, 307 頁から 326 頁にかけて Discussion が収められている. 討論者の名前を順に挙げると L. J. Savage (つまりサヴェジ氏), George Barnard (Barnard は討論の場にはいなかったのだが, 自身のコメントを録音したものを提出した), Jerome Cornfield, Irwin Bross, George E. P. Box, I. J. Good (Good のコメントを録音したものが討論の場で拝聴された), D. V. Lindley (Lindley 自身は欠席していた

のだが，彼の議論は Colin L. Mallows によって読み上げられた），C. W. Clunies-Ross, John W. Pratt, Howard Levene, Thomas Goldman, A. P. Dempster, Oscar Kempthorne（Kempthorne は出席できなかったが，討論の後で彼の文章が Birnbaum および雑誌編集者に伝えられた），そして Allan Birnbaum 自身の返答である．なおサヴェジ氏は，この Birnbaum の論文を極めて重要なものと見ており，これによって，個人的確率に基づく Bayesian statistics への人人の支持が増大すると期待していたようである．さらにまたこの Birnbaum の論文は，*Breakthroughs in Statistics, Volume I, Foundations and Basic Theory*, edited by Samuel Kotz and Norman L. Johnson, Springer, New York, 1992 にも，478 頁から 518 頁にかけて収められており，その前の 461 頁から 477 頁には，Jan F. Bjørnstad による解説がある．さらに，*Synthese, an international journal for epistemology, methodology and philosophy of science, Volume 36*, D. Reidel Publishing Company, Dordrecht, The Netherlands, 1977 は，*Foundations of Probability and Statistics* という標題の下に編集された Birnbaum を記念する論文集だが，ある悲劇的な事情により結果として彼の死後に出版されたのである．なお，この論文集の *No. 1* の冒頭の 5 頁から 13 頁には Ronald N. Giere による "Allan Birnbaum's conception of statistical evidence" という論文が収められており，15 頁から 17 頁には，やはり Giere による Publications by Allan Birnbaum がある．さらにこれに続いて，19 頁から 49 頁に，Birnbaum 自身による，"The Neyman-Pearson theory as decision theory, and as inference theory ; with a criticism of the Lindley-Savage argument for Bayesian theory" という論文が収められている．この Giere の論文の第 2 節，8 頁，冒頭の段落によれば，Birnbaum は 1964 年の段階ですでに，「尤度原理」が an adequate interpretation of the concept of statistical evidence を提供するとは，見なしていなかったとのことであり，結局彼は，「尤度原理」とは別の道を歩んだのである．また，Lindley-Savage argument については，園 (1994) の第 4 節，182 頁左から 186 頁右，を参照して頂ければ幸いである．なお Birnbaum は，1923 年 5 月 27 日に米国 California 州の San Francisco で生まれて，1976 年 7 月 1 日に英国の London で死去している (Johnson and Kotz (1997) の 83 頁から 85 頁にかけての (Johnson か Kotz か

の少なくとも一方による）Birnbaum, Allan の項目の冒頭の段落の末尾の文によると，His tragic, and apparently self-inflicted, death in 1976 となっている）．

Bizley, M. T. L., "Some notes on probability," *Journal of the Institute of Actuaries Students' Society*, 10, 161-203, 1951. サヴェジ氏が，「基礎論」の第4章，第5節の64頁の脚注で言及しているのは，この第3節（185頁から190頁）である．

Borel, Émile, "À propos d'un traité de probabilités," *Revue Philosophique*, 98, 321-336, 1924; reprinted in *Pratique et Philosophie des Probabilités* by Borel, Gauthier-Villars, Paris, 1939; translated in Kyburg and Smokler (1964). これは Keynes (1921) に対する論評であり，サヴェジ氏によれば，個人的確率の現代的概念に関する最も初期の説明になっているとのことである．なお，これは Kyburg and Smokler (1980) には入っていない．

Box, George E. P., and George C. Tiao, *Bayesian Inference in Statistical Analysis*, Addison-Wesley, Reading, MA, 1973. 1992年に，Wiley, New York から Wiley Classics Library Edition として再版が出ている．

Braithwaite, R. B., "On unknown probabilities," 1957. この論述は，*Observation and Interpretation in the Philosophy of Physics, With Special Reference to Quantum Mechanics*, edited by S. Körner in collaboration with M. H. L. Pryce (Proceedings of the Ninth Symposium of the Colston Research Society held in the University of Bristol, April 1st-April 4th, 1957), Dover, New York, 1962 の冒頭に収められている．この Dover 版は，*Observation and Interpretation ; A Symposium of Philosophers and Physicists* という標題で，1957年に Butterworths Scientific Publications, London から出版されたものの完全な再版である．

Carnap, Rudorf, *Logical Foundations of Probability*, University of Chicago

Press, Chicago, 1950.

Carnap, Rudorf, 1891-1970. ルドルフ・カルナップ（永井成男，内田種臣 編，内井惣七，内田種臣，竹尾治一郎，永井成男 共訳），『カルナップ哲学論集』，紀伊國屋書店，東京，1977年6月25日．この243頁から246頁にかけてカルナップ略年譜（および関連事項）があり，さらに247頁から250頁にかけてカルナップ主要著作年表がある（なおサヴェジ氏がChicago大学でのCarnapの講義を聴講したとの説が別の書物にあるが，事実か否かまだ確認していない）．

Dedekind, Julius Wilhelm Richard, 1831.10.6-1916.2.12. *Stetigkeit und irrationale Zahlen*, Friedr. Vieweg & Sohn, Braunschweig, 1872, および *Was sind und was sollen die Zahlen?*, Friedr. Vieweg & Sohn, Braunschweig, 1887. この古典的論文は各各単独に出版されたのだが，両者を一冊に合わせて英訳および邦訳が出ている．英訳は，*Essays on the Theory of Numbers*, translated by Wooster Woodruff Beman, Dover, New York, 1963 であり，論文の表題は各各，I. Continuity and irrational numbers および II. The nature and meaning of numbers である．なおこの Dover 版は，1901年に The Open Court Publishing Company から出版されたものの完全な再版である．邦訳は，デーデキント 著，河野伊三郎 訳，『数（すう）について―連続性と数の本質―』，岩波文庫 33-924-1，岩波書店，東京，1961年11月16日であり，論文の表題は各各，「第一篇 連続性と無理数」，および「第二篇 数とは何か，何であるべきか」である．なおこの邦訳には，末尾の141頁から163頁にかけて，河野伊三郎氏による（「数」の歴史に関する）解説がある．ところで，この「第二篇」§5六四定義において，今日の Dedekind 無限が「定義」されている．つまり，「集合は，その集合自身とは異なる（それ自身の）ある部分集合の上へと一対一に写像される場合に，「無限である」と呼ばれ，このような写像が存在しない場合には，つまり，その集合の中への一対一の写像が常にそれ自身の上への写像である場合には，「有限である」と呼ばれる」のである．この「無限」の「定義」は，「自然数系列」のような「外在的な」尺度の「存在」を前提とした上での「無限」の「定義」ではなく，「無限」を「集合」自身の「内在的な」性

質として捉えるものであり，実際 Dedekind は，このような「無限」集合の「存在」に基づいて，逆に，「自然数系列」の「存在」および（数学的帰納法の成立および関数の帰納的な定義の正当性を含む）その基本的な諸性質を導くのである．そこで彼は，§14 一六〇定理，一六一説明で終に，「いかなる「有限な」集合に対してもその要素の「総数」を現す「自然数」が存在してしかも一意的に定まり，一方，「無限な」集合に対してはこのような「自然数」は存在しない」という結論に到達する．だが彼はその際，§14 一五九定理の後半部分を本質的に利用するのであり，しかも彼はこの「後半部分」の証明の冒頭で，今日の「自然数系列を添数集合とする場合の選択公理」を当然のことのように利用するのである．なお渕野昌（ふちの・さかえ）氏による次の訳業がある．リヒャルト・デデキント，『数（かず）とは何かそして何であるべきか』，ちくま学芸文庫，筑摩書房，東京，2013 年 7 月 10 日．

de Finetti, Bruno, "La prévision : ses lois logiques, ses sources subjectives," *Annales de l'Institut Henri Poincaré*, 7, 1-68, 1937. Translated in Kyburg and Smokler（1964, 1980）．この論文は Henry E. Kyburg, Jr. によって仏語から英語へと翻訳されたのだが，その標題は，*Foresights : Its Logical Laws, Its Subjecive Sources* である．この英訳は，*Breakthroughs in Statistics, Volume I, Foundations and Basic Theory,* edited by Samuel Kotz and Norman L. Johnson, Springer-Verlag, New York, 1992 にも，134 頁から 174 頁にかけて収められており，その 127 頁から 133 頁に R. E. Barlow による簡略な説明がある．

de Finetti はこの古典的な論述において，「個人」の「主観的な」見積りが「整合的である，coherent」ことの必要条件として「加法法則の成立」および「乗法法則の成立」を導くが，さらに，「加法法則の成立」が「整合的である」ためには十分であることをも示し，さらに，「乗法法則の成立」も「整合性」にとって十分であることを，Chapter I の末尾から四番目の段落の冒頭の文で注意している．だが，この十分性の証明を提示しているわけではない．また Chapter I の冒頭の段落において，「同等に確からしい，equally probable」と（「個人」によって）判断される事象たちへと「世界」が分割され，しかもこの分割が「「任意に」細かく」できるのならば，その「個人」は（自身にとって

の）任意の事象に対して「定量的な「確率」」を配分できる，との趣旨の発言をしているが，この主張を明確な様式において（したがって選択公理に対する彼の「態度」は不明である）証明しているわけではない．

さらに彼は Chapter III において，（交換可能な事象列に対する）「de Finetti の表現定理」を証明する．彼は，遅くとも 1928 年にはこの結果を得ており，Bologna の国際数学者会議で報告しているのである．彼はこの「表現定理」を利用することによって，本来の「主観主義」からすればその「存在」を容認できないはずである「未知ではあるが固定されている「確率」」という「客観主義的な」概念を，「主観確率」によって明晰に分析し，「主観確率」が「未知固定の確率」が呼び出される「傾向にある」状況に対しても，正当に対応し得ることを示したのである．「未知固定の確率」の「存在」に関わるこの「重い」論点については，Savage（1954）の第 3 章，第 7 節および園（2001 年 6 月）（あるいは園（2001 年 12 月 b）の第 4 章）を参照されることを勧める．

なお Gillies（2000）の第 4 章 The subjective theory の 58 頁から 65 頁にかけて，de Finetti の主観確率と「整合性」とに関する簡潔で明晰な説明があり，特に 63 頁から 64 頁にかけて，「乗法法則の成立」が「整合性」にとって十分であることの証明がある．

de Finetti, Bruno, "La probabilità e la statistica nei rapporti con l'induzione, secondo i diversi punti di vista," *Centro Internationale Matematico Estivo*（C. I. M. E.）, Cremonese, Rome, 1959. なお，Savage（1961b）の文献表ではこの出典が，*Induzione e Statistica*, Rome, Istituto Matematico dell'Università, 1959 となっている．イタリア語によるこの論述は Mrs. Isotta Cesari およびサヴェジ氏によって英訳されて，下の de Finetti（1972）の第 9 章に収められている．

de Finetti, Bruno, *Probability, Induction and Statistics*, Wiley, New York, 1972. この 147 頁から 227 頁の Chapter 9, "Probability, statistics, and induction : Their relationship according to the various points of view" で，de Finetti は「帰納」の問題に言及したがっている雰囲気なのである．

DeGroot, Morris Herman, *Optimal Statistical Decisions*, McGraw-Hill, New York, 1970.

Dempster, Arthur P., "A generalization of Bayesian inference," *Journal of the Royal Statistical Society, Series B,* 30, 205-247, 1968.

Drèze, Jacques H., "Fondements logiques de la probabilité subjective et de l'utilité," pp. 73-87 in *La Décision,* Centre National de la Recherche Scientifique, Paris, 1961. Translated as "Logical Foundations of Cardinal Utility and Subjective Probability" with postscript in Drèze (1987), Chapter 3, pp. 90-104.

Drèze, Jacques H., *Essays on Economic Decisions under Uncertainty,* Cambridge University Press, 1987.

Edwards, Ward, Harold Lindman, and Leonard Jimmie Savage, "Bayesian statistical inference for psychological research," *Psychological Review*, 70, 193-242, 1963. Reprinted in *Readings in Mathematical Psychology,* Vol. II (R. D. Luce, R. R. Bush and E. Galanter, eds.), Wiley, New York, 519-568, 1965. さらにこの論文は, *Breakthroughs in Statistics, Volume I, Foundations and Basic Theory,* edited by Samuel Kotz and Norman L. Johnson, Springer-Verlag, New York, 1992 の 531 頁から 578 頁にかけて収録されており，そこの 519 頁から 530 頁にかけて William H. DuMounchel の簡略な説明がある．なお「論文集」Savage (1981) にも収められている．

Fishburn, Peter C., *Utility Theory for Decision Making*, Wiley, New York, 1970. この透徹した書物の（最終章の）第 14 章の表題は，Savage's Expected-Utility Theory である．

Fishburn, Peter C., The Foundations of Expected Utility, D. Reidel Publishing Company, Dordrecht, Holland/Boston, U. S. A., 1982.

Fisher, Ronald Aylmer, Sir, "Two new properties of mathematical likelihood," *Proceedings of the Royal Society, Series A*, 144, 285-307, 1934.

Fisher, Ronald Aylmer, Sir, *Statistical Methods and Scientific Inference*, Hafner, New York, 1956; *Second Edition, revised*, 1959; *Third Edition, revised and enlarged*, 1973. Sir Ronald は 1890 年 2 月 17 日に生まれて 1962 年 7 月 29 日に没しているが，第 3 版には，彼がこの書物の改訂のために残しておいた文書に基づき，多くの新しい題材が取り入れられている（なお，サヴェジ氏の言及は第 1 版）．また第 1 および第 2 版による次の訳注がある．フィシャー，R. A. 著，渋谷 政昭，竹内 啓（けい）訳，『統計的方法と科学的推論』，岩波書店，東京，1962 年 11 月 26 日．ところで，「R. A. Fisher はこの書物において「尤度原理」を支持している」というのがサヴェジ氏の見方である．同書の第 3 章第 6 節の 4 番目の段落の末尾の文（第 3 版の 73 頁）を引くと次である．In the theory of estimation[2] it has appeared that the whole of the information supplied by a sample, within the framework of a given sampling method, is comprised in the likelihood, as a function known for all possible values of the parameter. ここで estimation の上つきの 2 は，1925 年の Fisher 自身の論文への言及である．「「「与えられている標本抽出の方法」という枠組において（一組の）標本がもたらすに至る」情報の全体が，「母数の可能な値の全体の上で定義されている（その標本が与えられると既知となる）尤度関数」の値たちによって表現される，「尤度，likelihood」に含まれている」というこの主張は，「尤度原理」への支持であると解釈しても不当ではない．なお，1925 年の論文は，Fisher, Ronald Aylmer, "Theory of statistical estimation," *Proceedings of the Cambridge Philosophical Society*, Vol. 22, Pt. 5, 700-725, 1925 であり，その第 5 節の 3 番目の段落の末尾の二つの文を引くと次である．*Likelihood* in this sense is not a synonym for probability, and is a quantity which does not obey the laws of probability; it is a property of the values of the parameters, which can be determined from the observations without antecedent knowledge. An exact knowledge of the likelihood of different values of *m* tells us nothing whatever about the probability that *m* will fall in any given range. ここで冒頭

のイタリックは原文のままであり，2番目の文の $m$ は Cauchy 分布の未知の位置母数に対応するパラメタである．この論文は最尤推定量に関する論文だが，少なくとも「尤度」に関するこの二文からは，今日「尤度原理」と呼ばれている主張に対する Fisher の支持を読み取ることはたぶん無理である．

Gärdenfors, Peter, and Nils-Eric Sahlin (eds.), *Decision, Probability, and Utility, Selected Readings,* Cambridge University Press, 1988. この第 I 部第 4 章（80頁から85頁）はサヴェジ氏の「基礎論」からの引用であり，それは，「商量の原理，the sure-thing principle」に関する部分である．なお Contributors の表でサヴェジ氏の所属が Yale University となっているが，引用箇所はサヴェジ氏が University of Chicago にいた頃のものであり，遅くとも 1954 年 4 月までに書かれている．

Gillies, Donald, *Philosophical Theories of Probability,* Routledge, New York, 2000, reprinted 2003. Gillies は明確に意識して，統計的決定理論に踏み込むことを避けており，サヴェジ氏の名前は 57 頁の下から二行目に出てくるのみである．しかし，統計的決定理論の基礎づけを避けてしまうと，「統計学の基礎づけ」からは議論がずれることとなる．なお次の邦訳がある．D. ギリース著，中山 智香子 訳，『確率の哲学理論』，日本経済評論社，東京，2004 年 11 月 15 日．

Girshick, M. A., Frederick Mosteller, and Leonard Jimmie Savage, "Unbiased estimates for certain binomial sampling problems with applications," *Annals of Mathematical Statistics,* 17, 13-23, 1946.「論文集」Savage（1981）に収録されている．

Good, Irving John, *Probability and the Weighing of Evidence,* Charles Griffin and Co., London, and Hafner Publishing Co., New York, 1950. この書物の簡略な書評として Savage（1951b）がある．

Good, Irving John, "Kinds of probability," *Science,* 129, 443-447, 1959.

Good, Irving John, "Subjective probability as the measure of a non-measurable set," pp. 319-329 in Nagel, Suppes, and Tarski (1962). Kyburg and Smokler (1980) の 133 頁から 146 頁にかけて収録されている.

Hacking, Ian, *Logic of Statistical Inference,* Cambridge University Press, 1965.

Hacking, Ian, "Slightly more realistic personal probability," *Philosophy of Science,* Vol. 34, No. 4, 311-325, Dec. 1967.

Hacking, Ian, *The Emergence of Probability,* Cambridge University Press, 1975. 次の邦訳あり．イアン・ハッキング著，広田すみれ，森元良太 訳，『確率の出現』，慶應義塾大学出版会，東京，2013 年 12 月 28 日.

Hume, David, *An Enquiry Concerning Human Understanding,* London, 1748. サヴェジ氏は「基礎論」第一版の文献表の 276 頁でこの著作を掲示し，An early and famous presentation of the philosophical problem of inductive inference, around which almost all later discussion of the problem pivots と短評をつけている．なお，邦訳，D. ヒューム，渡部峻明（わたなべ・としあき）訳，『人間知性の研究・情念論』，晢（せつ）書房，埼玉，1990 年 11 月 30 日がある.

Jaynes, E. T., *Probability Theory in Science and Engineering,* bound mimeographed notes, Socony Mobil Oil Co., Dallas, TX, 1958.

Jaynes, E. T., *Papers on Probability, Statistics and Statistical Physics,* edited by R. D. Rosenkrantz, Kluwer, Dordrecht, Holland, 1983.

Jeffrey, Richard C., *The Logic of Decision,* McGraw-Hill, New York, 1965.

Jeffreys, Harold, Sir, *Scientific Inference,* Cambridge University Press, 1931; *Second Edition,* 1957; *Third Edition,* 1973. Savage (1961b) での言及は第2版.

Jeffreys, Harold, Sir, *Theory of Probability,* The Clarendon Press, Oxford, 1939; *Second Edition,* 1948; *Third Edition,* 1961. Savage (1961b) および (1977) での言及は各各第2および第3版.「基礎論」での言及は第2版.

Johnson, Norman L., and Samuel Kotz (eds.), *Leading Personalities in Statistical Sciences : from the seventeenth century to the present,* Wiley, New York, 1997.

Kadane, Joseph B., Mark J. Schervish, and Teddy Seidenfeld, *Rethinking the Foundations of Statistics,* Cambridge University Press, 1999.

Kadane, Joseph B., and Teddy Seidenfeld, "Randomization in a Bayesian perspective," *Journal of Statistical Planning and Inference,* 25, 329-345, 1990. この論文誌は Elsevier Science, Amsterdam, The Netherlands から出ている. またこの論文は, Kadane, Schervish, and Seidenfeld (1999) の第3.4章 (293頁から313頁) に収められている.

Keuzenkamp, Hugo A., *Probability, Econometrics, and Truth—The methodology of econometrics,* Cambridge University Press, 2000. この表題は von Mises (1981) を意識したものである. この96頁「注釈13」には, Savage was a student when Carnap taught at Chicago とあるが, サヴェジ氏がシカゴ大学の学生であったとはどうも思えない. なお Keuzenkamp は一貫して (実証的見地から) Karl Popper (1902-94) の流儀を批判している. 279頁の上から4行目の (彼による) Popper に対する評は, Over-rated English (Austrian born) philosopher of science というものである.

Keynes, John Maynard, *A Treatise on Probability*, Macmillan, London, 1921; *Second Edition*, 1929; reprinted in 1962, Harper & Row, New York. さらに，Keynes, John Maynard, *A Treatise on Probability*, *The Collected Writings of John Maynard Keynes, Volume VIII*, St. Martin's Press, Inc., New York, for the Royal Economic Society, The Macmillan Press Ltd., London, as an affiliated publisher, 1973 がある．なお佐藤隆三氏による次の訳業がある．ジョン・メイナード・ケインズ，『確率論』，ケインズ全集 8，東洋経済新報社，東京，2010年 6 月 10 日．

Koopman, Bernard Osgood, "The axioms and algebra of intuitive probability," *Annals of Mathematics*, Series 2, 41, 269-292, 1940a, "The bases of probability," *Bulletin of the American Mathematical Society*, 46, 763-774, 1940b, "Intuitive probabilities and sequences," *Annals of Mathematics*, Series 2, 42, 169-187, 1941. サヴェジ氏はこの論文に対して，「基礎論」第一版の文献表 277 頁で，These three papers present the personalistic view that Koopman holds along with an objectivistic one と記している．なお，このうちの 1940b は Kyburg and Smokler（1964, 1980）に収録されている．

Koopman, Bernard Osgood, Reviews of eleven papers, *Mathematical Reviews*, 7, 186-193, 1946, and 8, 245-247, 1947.「基礎論」の 277 頁で，A connected sequence of reviews of papers, by several authors, that were published as a symposium in *Philosophy and Phenomenological Research*, Vols. 5 and 6 (1945-46) と，サヴェジ氏は注意をしている．

Kyburg, Henry E., Jr., and Howard E. Smokler (eds.), *Studies in Subjective Probability*, Wiley, New York, 1964.

Kyburg, Henry E., Jr., and Howard E. Smokler (eds.), *Studies in Subjective Probability*, Krieger, New York, 1980. この Krieger 版は Wiley 版とはかなり内容が相違するが，Ramsey (1926), de Finetti (1937) の英訳，および Koopman (1940b) は引き続き収められている．なお Savage (1961b) は上の Wiley 版にはあるが，この Krieger 版にはない．しかし新たに Savage (1971) が収められている．

Laplace, Pierre Simon de, *Essai philosophique sur les probabiliti̇és, First Edition,* Paris, 1814. 1825 年に著者存命中の最後の版である第 5 版が出ている．また，*A Philosophical Essay on Probabilities* の表題で，第 2 版の英訳が 1917 年に，John Wiley & Sons, New York から出ており，その再版が 1952 年に，Dover Publications, New York から出ている．また第 1 版の邦訳，ラプラス著，内井惣七（うちい・そうしち）訳，『確率の哲学的試論』，岩波書店，東京，1997 年 11 月 17 日がある．この邦訳には，内井教授による親切な注釈および解説が収められている．

Lindley, Dennis Victor, "Statistical inference," *Journal of the Royal Statistical Society, Series B,* 15, 30-76, 1953. この論文についてサヴェジ氏は，「基礎論」第一版の文献表の 278 頁で，Excellent reading in connection with Chapters 14-17 of this book. Unfortunately, I did not see the paper in time to reflect its contents in those chapters と注意している．

Lindley, Dennis Victor, "A statistical paradox," *Biometrika,* 44, 187-192, 1957. ここでの paradox とは，表面上は数学的なある現象のことであり，この現象はすでに Jeffreys (1939) の Appendix I（356 頁から 364 頁）で指摘されている．しかしこれを，客観主義と主観主義との間の差異を本質的に表すものとして，Lindley は捕え直している．またこの（Lindley による）議論の後に，533 頁から 534 頁にかけて，M. S. Bartlett と M. G. Kendall とによる注意が，各各掲示されている．さらに Shafer (1982) がある．

Luce, Robert Duncan, and Howard Raiffa, *Games and Decisions, Introduction and Critical Survey,* Wiley, New York, 1957. Reprinted in 1989, Dover, New York. サヴェジ氏はこの書物を，Good account of the theory of games and its contacts with the normative theory of decision と評している．

Nagel, Ernest, "Principles of the theory of probability," *International Encyclopedia of Unified Science,* Vol. I, No. 6, University of Chicago Press, Chicago, 1938.

Nagel, Ernest, Patrick Suppes, and Alfred Tarski (eds.), *Logic, Methodology and Philosophy of Science,* Stanford University Press, Stanford, 1962.

Nicod, Jean, "The logical problem of induction." これは，Nicod, Jean, *Foundations of Geometry and Induction,* translated by Philip Paul Wiener, Harcourt, Brace & World, New York, 1930 に（やはり Nicod による）"Geometry in the sensible world" と共に（その後に）収められているが，同年に同じ書物が，Routledge and Kegan Paul Ltd, London からも出ている．また「幾何学」の方は Bertrand Russell が，「帰納法」の方は André Lalande が序文を寄せている．2000 年に Routledge, London からこの書物の再版が出ており，それは *International Library of Philosophy : 56 Volumes* 中の *Philosophy of Logic and Mathematics : 8 Volumes* の一冊である．なお Savage (1967b) の 604 頁の脚注によると，Nicod の（帰納法に関する）この論文は 1923 年に Paris で発表されたとのことである．

Pratt, John W., Howard Raiffa, and Robert Schlaifer, "The foundations of decision under uncertainty : An elementary exposition," *Journal of the American Statistical Association,* 59, 353-375, 1964. Pratt の W. は Winsor の略である．

Pratt, John W., Howard Raiffa, and Robert Schlaifer, *Introduction to Statistical Decision Theory,* preliminary edition, McGraw-Hill, New York, 1965. この書物は，McGraw-Hill の援助を受けて，mimeographed form での準備的な版として作製され配布されたのであり，その内容は，いくつかの完成されていない章

を含んではいるが，テキストとしての使用に十分に堪えられるものであった．しかし，この書物の本格的な完成は，著者らの研究上の都合などもあって，四半世紀以上も遅れることとなり，主として Pratt による地道な努力によって，Schlaifer が没した翌年の 1995 年に，875 頁に及ぶ次の大著として The MIT Press から出版されたのである．

Pratt, John W., Howard Raiffa, and Robert Schlaifer, *Introduction to Statistical Decision Theory*, The MIT Press, Cambridge, MA, 1995.

Raiffa, Howard, COMMENT, *Quarterly Journal of Economics,* 75, 690–694, 1961. これは Daniel Ellsberg による，"Risk, Ambiguity, and the Savage Axioms," *Quarterly Journal of Economics*, 75, 643–669, 1961 に対する透徹した反論であり，必読の短文である．

Raiffa, Howard, *Decision Analysis : Introductory Lectures on Choices under Uncertainty*, Addison-Wesley, Reading, MA, 1968.

Raiffa, Howard, and Robert Schlaifer, *Applied Statistical Decision Theory*, Division of Research, Graduate School of Business Administration, Harvard University, Boston, MA, 1961. この書物は Wiley Classics Library Edition Published 2000 として (2000 年に) John Wiley & Sons, Inc., New York から再版されている．

Ramsey, Frank Plumpton, 1903.2.22–1930.1.19. "Truth and Probability" (1926), and "Further considerations" (1928), in *The Foundations of Mathematics and Other Logical Essays,* edited by R. B. Braithwaite, Routledge and Kegan Paul Ltd, London, 1931, Harcourt, Brace and Co., New York, 1931, The Humanities Press, New York, 1950. 1926 年のこの古典的な論述は Ramsey の生前には出版されなかったのだが，同年の末に書かれたものであり，その大部分は the Moral Science Club at Cambridge で読まれたものである．一方，1928 年の論述

は，同年の春に書かれた覚書を Braithwaite がまとめて補足したものである．この覚書の表題を順に上げると，A. Reasonable degree of belief, B. Statistics, C. Chance, である．また（今日では広く知られている）1926 年の論述は，Kyburg and Smokler（1964, 1980）に収録されている．一方，Braithwaite が編集したこの論文集の再版が 2000 年に，*The International Library of Philosophy : 56 Volumes* 内の *Philosophy of Logic and Mathematics : 8 Volumes* 中の一冊として，Routledge, London から出版されている．なお，*June and December,* 1930 と年月が記されている Braithwaite の 4 頁にわたる序文の前に，2 頁にわたって *December* 1930 と年月が記されている George Edward Moore による前書がある．さらに，次に掲示した『ラムジー哲学論集』も出ている．なお，1926 年の論述の第 5 節 The Logic of Truth の 7 番目の段落の冒頭に，「先験的な，a priori」確率を「自然淘汰，natural selection」との関わりで捕えようとする一文があることは多分注意すべきである．

ラムジー，F. P. 著，D. H. メラー編，伊藤 邦武，橋本 康二 訳，『ラムジー哲学論集』，勁草書房，東京，1996 年 5 月 15 日．この書物は，Ramsey, F. P., *Philosophical Papers,* edited by D. H. Mellor, Cambridge University Press, 1990 の全訳であり，Ramsey（1926, 1928）の訳が収められている．

Rao, Calyampudi Radhakrishna, *Linear Statistical Inference and Its Applications, Second Edition,* Wiley, New York, 1973. 第一版は 1965 年に出ている．この傑出した書物の索引は，内容との比較において，あまりに簡潔である．また Rao は，分布関数を左連続に取っている．なお次の第二版の邦訳がある．C. R. ラオ著，奥野忠一（おくの・ただかず），長田洋（おさだ・ひろし），篠崎信雄（しのざき・のぶお），広崎昭太（ひろさき・しょうた），古河陽子（ふるかわ・ようこ），矢島敬二（やじま・けいじ），鷲尾泰俊（わしお・やすとし）訳，『統計的推測とその応用』，東京図書，東京，1977 年 11 月 25 日．Pólya の定理は邦訳の 112 頁にある．

Reichenbach, Hans, *The Theory of Probability, An Inquiry into the Logical and*

*Mathematical Foundations of the Calculus of Probability, Second Edition,* English translation by Ernest H. Hutten and Maria Reichenbach, University of California Press, Berkeley and Los Angeles, 1971. 英訳の第一版は（同じ出版局から）1949 年に出ている．独語の原著は，Reichenbach, Hans, *Wahlscheinlichkeitslehre,* Sijthoff, Leiden, South Holland, 1935 である．なお Reichenbach は 1891 年 9 月 26 日にドイツの Hamburg で生まれて，1953 年 4 月 9 日に米国の Los Angeles で没している．

Royden, Halsey Lawrence, *Real Analysis, Third Edition,* Prentice Hall, Upper Saddle River, New Jersey, 1988. 初版は 1963 年である．

Salmon, Wesley C., "The foundations of scientific inference." これは，*Mind and Cosmos, Essays in Contemporary Science and Philosophy,* edited by Robert G. Colodny, Volume 3, University of Pittsburgh Series in the Philosophy of Science, University of Pittsburgh Press, PA, 1966 の 135 頁から 275 頁にかけて収められている．またこの論述は，Salmon, Wesley C., *The Foundations of Scientific Inference,* University of Pittsburgh Press, 1966 として出版されている．単行本は，本文が 1 頁から始まることと誤植が訂正されていることとを除けば，論文集と同じである．ただ，論文集では冒頭に Albert Einstein の言葉が掲げられているのだが，単行本ではそれが（本文の内容に直接関わっている）Hume (1748) の言葉に置き換えられている．また 1967 年 4 月には本文（および註）の末尾に 2 頁強の文章が追加されている．Salmon 教授のこの論述は Pittsburgh 大学の the Philosophy of Science Series での五回の講義に基づいているのだが，冒頭の二つの講義は 1963 年の 3 月に，次の二回は 1964 年 10 月に，最後は 1965 年 10 月に行われている．サヴェジ氏は 1967b の 601 頁では上の論文集に言及しているのだが，「基礎論」第二版の追加の文献表の 295 頁では単行本の方を掲示しており，そこに Lucid review and study of the problem of induction bequeathed to us by Hume と短評をつけている．

Savage, Leonard Jimmie, "The theory of statistical decision," *Journal of the*

*American Statistical Association,* 46, 55-67, 1951a.「論文集」Savage（1981）に収録されている.

Savage, Leonard Jimmie, Review of I. J. Good's *Probability and the Weighing of Evidence, Journal of the American Statistical Association,* 46, 383-384, 1951b.

Savage, Leonard Jimmie, *The Foundations of Statistics,* Wiley, New York, 1954. *Second Revised Edition,* Dover, New York, 1972. これは「基礎論」であり, 統計学へのサヴェジ氏の偉大な貢献である. なお, 園（2000 年 6 月）（あるいは園（2001 年 12 月 b）の第 2 章）にサヴェジ氏の略伝がある.

Savage, Leonard Jimmie, "Recent tendencies in the foundations of statistics," *Proceedings of the 8th International Congress of Mathematicians* [Edinburgh, 1958], 540-544, Cambridge University Press, 1960.「論文集」Savage（1981）に収録されている.

Savage, Leonard Jimmie, "The subjective basis of statistical practice," mimeographed notes, University of Michigan, July, 1961a. これは未完の原稿であり,「論文集」Savage（1981）の 63 頁から 70 頁にかけての彼の著作の一覧には掲示されていない. 筆者がこの原稿の存在を知ったのは, Edwards, Lindman, and Savage（1963）の末尾から 2 番目の節の末尾の段落（239 [496]-240 [497]）で言及されている Wolfowitz, Jacob, "Bayesian inference and axioms of consistent decision," *Econometrica,* Vol. 30, No. 3, 470-479, July, 1962 の文献表によるのであり, Wolfowitz は番号 [6] によってこのサヴェジ氏の原稿に言及している. そこでこの原稿に目を通そうと思い, 北海道大学附属図書館相互利用掛に（University of Michigan からの取り寄せについて）相談したところが, 当掛の尽力によって, 問題の原稿の複製が慶應義塾図書館（三田）に保管されていることがわかった. これはサヴェジ氏が Multilith で印刷して配布したものの一冊であり, なぜ慶應義塾図書館にあるのかよくわからない. だがとにかく筆者は通読したのである. サヴェジ氏は, 主観確率に基づくベイズ統計

学が「正しい」道であるとの堅い信念に達しているようであり，ベイズ統計学への実践的な書物を企図していたのだが，しかし終に「その書物」は完成しなかったのである（なお，この原稿の末尾には June 14, 1961 と日付がある文献表があり，そこには1番から206番までの文献が掲示されている）．

Savage, Leonard Jimmie, "The foundations of statistics reconsidered," *Proceedings of the Fourth [1960] Berkeley Symposium on Mathematical Statistics and Probability, Volume I,* edited by Jerzy Neyman and E. L. Scott, University of California Press, Berkeley, 575-586, 1961b.「論文集」Savage（1981）に収録されている．また注釈として園（2003年6月）がある．

Savage, Leonard Jimmie, "Bayesian statistics," pp. 161-194 in *Recent Developments in Decision and Information Processes,* edited by Robert E. Machol and Paul Gray, Macmillan Co., New York, 1962.「論文集」Savage（1981）に収録されている．ここでは Lindley-Savage argument が紹介されている．なお，園（1994年3月）（あるいは園（2001年12月b）の第5章）を参照して頂ければ幸いである．

Savage, Leonard Jimmie, "Draft of Afterword for reprinting of *the Foundations of Statistics,*" June 1, 1966. この「未公表の後書」への注釈として園（2000年12月）がある．

Savage, Leonard Jimmie, "Difficulties in the theory of personal probability," *Philosophy of Science,* Vol. 34, No. 4, 305-310, Dec. 1967a.「論文集」Savage（1981）に収録されている．なお注釈として園（2001年9月）がある．

Savage, Leonard Jimmie, "Implications of personal probability for induction," *Journal of Philosophy,* 64, 593-607, 1967b.「論文集」Savage（1981）に収録されている．なお注釈として園（2002年6月）がある．

Savage, Leonard Jimmie, "Elicitation of personal probabilities and expectations," *Journal of the American Statistical Association,* 66, 783-801, 1971.「個人的確率の抽出」に関する真剣な考察であり,「確率」に関する古典的傑作である.「論文集」Savage (1981) に収録されている.

Savage, Leonard Jimmie, "The shifting foundations of statistics," *Logic, Laws and Life : Some Philosophical Complications,* edited by Robert G. Colodny, *Volume 6, University of Pittsburgh Series in the Philosophy of Science,* 3-18, University of Pittsburgh Press, Pittsburgh, PA, 1977. サヴェジ氏は1917年11月20日に生まれて1971年11月1日に急逝しているので没後の出版である. 内容は, ピッツバーグ大学の the Center for Philosophy of Science が招待した講演者の一人として, 1971年にサヴェジ氏が行った公開の講義であり, 彼の最晩年の態度がうかがわれるのである.「論文集」Savage (1981) に収録されている.

Savage, Leonard Jimmie, 1917.11.20-1971.11.1. *The Writings of Leonard Jimmie Savage—A Memorial Selection,* prepared by a Committee (W. H. DuMouchel, W. A. Ericson (chair), B. Margolin, R. A. Olshen, H. V. Roberts, I. R. Savage and A. Zellner) for the American Statistical Association and the Institute of Mathematical Statistics, Washington, D. C., 1981. サヴェジ氏の論文集である. 例えば, 上の Savage (1961b), (1962), (1967a), (1967b), (1971) は皆ここに収められている.

Savage, Leonard Jimmie, et al., *The Foundations of Statistical Inference : A Discussion,* Wiley, New York, 1962. ただし, London では, 同年に同じ標題で, Methuen's Monographs on Applied Probability and Statistics の一冊として, Methuen から出版されている. この Part I として, "Subjective probability and statistical practice" という標題のサヴェジ氏の (1959年の) レクチャーが (多少の内容の拡充を受けた上で) 収録されている. またその注釈として, 園 (2001年3月) がある.

Schlaifer, Robert, *Probability and Statistics for Business Decisions*, McGraw-Hill, New York, 1959.

Shafer, Glenn, "Lindley's paradox," *Journal of the American Statistical Association,* 77, 325-334, June 1982. またこれに続く334頁から351頁にかけて，順に，D. V. Lindley, Morris H. DeGroot, A. P. Dempster, I. J. Good, Bruce M. Hill, そしてRobert E. Kassによる，Comments, およびShafer自身によるRejoinderが収められている．

Shafer, Glenn, "Savage Revisited," *Statistical Science,* a review journal of the Institute of Mathematical Statistics, Vol. 1, No. 4, 463-501, November 1986. まず463頁から485頁にかけてShafer自身の議論があり，サヴェジ氏の規範的公準観，「小さな世界」の選択，the sure-thing principle などが経験的な立場からかなり厳しく再検討されている．次に486頁から499頁まで順にD. V. Lindley, A. P. Dawid, Peter C. Fishburn, Robyn M. Dawes そしてJohn W. Pratt のCommentsがあり，最後に499頁から501頁にかけてShafer のRejoinder がある．なおFishburn は493頁右の下から2番目の段落で結果としてSavage (1967a) に言及しているようだが，これは本来はSavage (1967b) とすべきであろう．

Shimony, Abner, "Amplifying personal probability theory: Comments on L. J. Savage's 'Difficulties in the theory of personal probability'," *Philosophy of Science,* Vol. 34, No. 4, 326-332, Dec. 1967.

Smith, Cedric A. B., "Consistency in statistical inference and decision," *Journal of the Royal Statistical Society, Series B,* 23, 1-25, 1961.

von Mises, Richard, *Probability, Statistics and Truth, Second Revised English Edition,* prepared by Hilda Geiringer, Dover, 1981. これは1957年にGeorge Allen & Unwin Ltd., Londonから出版されたものの再版である．原著は独語

で，標題は *Wahrscheinlichkeit, Statistik und Wahrheit* であり，第一版が 1928 年に J. Springer から出ており，また独語の第三版が 1951 年に出ているのだが，この第三版は von Mises 自身による大幅な改訂を受けており，Hilda Geiringer 女史の翻訳はこの版による．またこれは 1939 年の英訳の改訂版ともなっている．

Wald, Abraham, *Statistical Decision Functions*, Wiley, New York, 1950. この古典的な書物の再版が，1971 年に Chelsea Publishing Company, New York から出ている．

Yosida, Kôsaku（吉田 耕作），*Functional Analysis, Third Edition*, Springer-Verlag, New York, 1971. 初版は 1965 年である．

石黒 一男，『発散級数論』，数学全書 14，森北出版，東京，1977 年 2 月 18 日．この労作の 82 頁から 93 頁にかけて，Hausdorff の moment problem が議論されている．

伊藤 清，『確率論 III』，岩波書店，東京，1978 年 5 月 29 日．これは，岩波講座 基礎数学，解析学（I）vii，『確率論』，を構成する三分冊の最後のものである．同講座は全 24 巻 79 分冊と索引とから成り，『確率論III』は同講座の第 19 回配本の一冊である．なお，やはり伊藤 清教授による『確率論 I』および『確率論 II』は，各各 1976 年 11 月 2 日の第 6 回配本の一冊および 1977 年 6 月 2 日の第 12 回配本の一冊として出ている．これら三冊は，伊藤 清，『確率論』，岩波基礎数学選書，岩波書店，東京，1991 年 5 月 30 日としてまとめられている．

伊藤 邦武，『人間的な合理性の哲学—パスカルから現代まで—』，勁草書房，東京，1997 年 10 月 5 日．表題からわかるように哲学書だが，この第 4 章では，サヴェジ氏の議論を始めとする意思決定モデルが堂堂と論評されている．

奥村 雄介，野村 敏明，『非行精神医学—青少年の問題行動への実践的アプローチ』，医学書院，東京，2006 年 2 月 1 日．

鈴木 雪夫，『統計学』，新数学講座 11，朝倉書店，東京，1987 年 4 月 25 日．ベイズ統計学（Bayesian statistics）の執拗なる展開．

園 信太郎,「サヴェジ，レオナルド ジミィ，による 1961 年の講義における個人的確率について」,『経済学研究』(北海道大学)，第 43 巻第 4 号，176 (603)-187 (613)，1994 年 3 月．この講義の内容は Savage (1962) として公表されている．拙論は，サヴェジ氏が個人的確率に対する限界代替率的な捕え方に基づいて個人的確率の概念をわかりやすく説明している講演へのさらなる注釈である．なお，「レオナルド」は「レナード」とすべきであったと筆者は反省している．これは園 (2001 年 12 月 b) の第 5 章に収められている．

園 信太郎,「サヴェジ氏の略伝」,『経済学研究』(北海道大学)，第 50 巻第 1 号，164 (164)-180 (180)，2000 年 6 月．これはサヴェジ氏の論文集 (1981) に基づく「略伝」だが，彼の人柄を知る助けになるかもしれない．これは園 (2001 年 12 月 b) の第 2 章に収められている．

園 信太郎,「客観論的見解の三つの問題点」,『経済学研究』(北海道大学)，第 50 巻第 2 号，99 (279)-105 (285)，2000 年 9 月．「確率」の定義および解釈，「条件つき確率」の定義および解釈，そして「変量をその実現値で置き換える作業」を議論している．これは園 (2001 年 12 月 b) の第 3 章に収められている．

園 信太郎,「サヴェジ氏の未公表の後書について」,『経済学研究』(北海道大学)，第 50 巻第 3 号，32 (384)-55 (407)，2000 年 12 月．ここで筆者が構成した文献表は，サヴェジ氏の関心の広さを示唆していると思う．なお彼が Le Blanc, 1962 としていた書物は，その後，Leblanc, Hugues, *Statistical and Inductive Probabilities,* Prentice-Hall, Englewood Cliffs, NJ, 1962 であることが

わかった．著者の姓の綴りの（サヴェジ氏による）誤りに気づかなかったために，当時は不明としてしまった．

園 信太郎,「サヴェジ氏による 1959 年のレクチャーについて」,『経済学研究』（北海道大学），第 50 巻第 4 号, 101 (623)-143 (665), 2001 年 3 月.

園 信太郎,「コインの投げ上げに関する未知固定の確率について」,『経済学研究』（北海道大学），第 51 巻第 1 号, 37 (37)-55 (55), 2001 年 6 月.「未知かつ固定されている確率の「存在」」に関する古典的な議論の確認作業であり，交換可能性に関する「de Finetti の表現定理」と，この定理の Kolmogorov system による表現を議論している．これは園（2001 年 12 月 b）の第 4 章に収められている．

園 信太郎,「サヴェジ氏が指摘している個人的確率に関するいくつかの難点について」,『経済学研究』（北海道大学），第 51 巻第 2 号, 51 (197)-72 (218), 2001 年 9 月. Savage (1967a) に関する注釈である．

園 信太郎,「なぜサヴェジ氏は 1954 年に尤度原理に気づかなかったのか？」,『経済学研究』（北海道大学），第 51 巻第 3 号, 127 (399)-134 (406), 2001 年 12 月 a.

園 信太郎,『サヴェジ基礎論覚書』, 岩波出版サービスセンター，東京, 2001 年 12 月 20 日 b.「基礎論」への要約，注釈，および「読み」を提示している．また，上の園（1994 年 3 月），(2000 年 6 月), (2000 年 9 月), (2001 年 6 月) が収められている．

園 信太郎,「サヴェジ氏の帰納法に関する見解について」,『経済学研究』（北海道大学），第 52 巻第 1 号, 37 (37)-83 (83), 2002 年 6 月. Savage (1967b) への注釈である．

園 信太郎，「なぜサヴェジ氏はオフィシャルな確率を避けたのか？」，『経済学研究』（北海道大学），第52巻第2号，73 (229)-81 (237)，2002年9月．

園 信太郎，「主観確率及び期待効用の概念—平成14年度 北海道大学経済学部公開講座 講義録より—」，『経済学研究』（北海道大学），第52巻第4号，41 (457)-57 (473)，2003年3月．

園 信太郎，「統計学の基礎に関するサヴェジ氏の再考について」，『経済学研究』（北海道大学），第53巻第1号，79 (79)-103 (103)，2003年6月．Savage (1961b) への注釈である．

園 信太郎，「サヴェジ氏による1971年の公開講義について」，『経済学研究』（北海道大学），第54巻第1号，109 (109)-140 (140)，2004年6月．Savage (1977) への注釈である．

園 信太郎，「サヴェジ基礎論の第4章について」，『経済学研究』（北海道大学），第55巻第1号，15 (15)-33 (33)，2005年6月．

園 信太郎，「個人的確率の抽出に関する1971年のサヴェジ氏の論文の第10節について」，『経済学研究』（北海道大学），第56巻第1号，151 (151)-175 (175)，2006年6月．

園 信太郎，『サヴェジ氏の思索』，岩波出版サービスセンター，東京，2007年8月31日．サヴェジ氏の思索の「深さ」を凝視する．

園 信太郎，「「「確率」を問うこと」の不可避性について—関口恭毅教授の定年退職によせて—」，『経済学研究』（北海道大学），第57巻第4号，101 (259)-104 (262)，2008年3月．

園 信太郎，「リンドレー教授のある苦言について」，『経済学研究』（北海道大

学），第 58 巻第 3 号，183 (493)-185 (495)，2008 年 12 月．

園 信太郎，「サヴェジ基礎論に関するあるテーマについて」，『経済学研究』（北海道大学），第 58 巻第 4 号，195 (719)-198 (722)，2009 年 3 月．

園 信太郎，「サヴェジ基礎論における「結果」の概念」，『経済学研究』（北海道大学），第 59 巻第 2 号，19 (227)-21 (229)，2009 年 9 月．

園 信太郎，「古典的統計理論における三つの問題点」，『経済学研究』（北海道大学），第 59 巻第 3 号，95 (415)-98 (418)，2009 年 12 月．

園 信太郎，「いわゆる $P$ 値の概念は可笑しい」，『経済学研究』（北海道大学），第 60 巻第 1 号，33 (33)-34 (34)，2010 年 6 月．

園 信太郎，「根元事象の定義について」，『経済学研究』（北海道大学），第 60 巻第 2 号，1 (121)-2 (122)，2010 年 9 月．

園 信太郎，「いわゆる母数について」，『経済学研究』（北海道大学），第 60 巻第 4 号，55 (323)-56 (324)，2011 年 3 月．

園 信太郎，「データの大きさは定数である」，『経済学研究』（北海道大学），第 61 巻第 1・2 号，21，2011 年 9 月．

園 信太郎，「なぜベイジアンなのか？」，日本統計学会会報（No. 149）の巻頭随筆（1-3），2011 年 10 月 25 日．149 は双子素数であり実際 151 も素数である．

園 信太郎，「いわゆる実現値について」，『経済学研究』（北海道大学），第 61 巻第 3 号，1 (143)-2 (144)，2011 年 12 月．

園 信太郎,「なぜサヴェジ氏か？」,『経済学研究』(北海道大学), 第 61 巻第 4 号, 1 (193)-3 (195), 2012 年 3 月.

園 信太郎,「サヴェジ基礎論における期待値作用素概念について」,『経済学研究』(北海道大学), 第 62 巻第 1 号, 1 (1)-6 (6), 2012 年 7 月.

園 信太郎,「サヴェジ氏の剃刀」,『経済学研究』(北海道大学), 第 62 巻第 3 号, 173 (349)-175 (351), 2013 年 2 月.

園 信太郎,「確率模型とサヴェジ氏の態度」,『経済学研究』(北海道大学), 第 63 巻第 1 号, 1 (1)-3 (3), 2013 年 6 月.

園 信太郎,「レナード・ジミィ・サヴェジの論理」,『経済学研究』(北海道大学), 第 63 巻第 2 号, 197 (343)-206 (352), 2014 年 1 月. これは吉田文和教授への記念号である.

田中 尚夫,『選択公理と数学 増補版』, 遊星社, 東京, 1999 年 9 月 13 日. 初版は 1987 年 5 月 17 日だが, 増補版第 1 刷は 1999 年である.

辻 正次,『実函数論』, 槙書店, 東京, 1962 年 10 月 1 日. ただし, 筆者の手元にあるのは第 1 版第 5 刷 1970 年 7 月 1 日である. この労作の第 5 章の 110 頁から 122 頁にかけての議論を大いに参考にした.

出口 康夫,「ネオ・ベイジアニズムによる帰納の正当化は未完である」,『科学哲学』, 33-1, 17-30, 2000 年.

出口 康夫, 特集「統計学の哲学」序文,『科学基礎論研究』, 第 114 号, Vol. 38, No. 1, 17-18, 2010 年 11 月 25 日.

日本数学会編集,『岩波 数学辞典 第 3 版』, 岩波書店, 東京, 1985 年 12 月 10

日．なお第 4 版では，どうしたものか，サヴェジ氏の「基礎論」が無視されている．

宮沢 光一,『情報・決定理論序説』, 岩波書店, 東京, 1971 年 11 月 30 日. 奥付では「みやざわ」だが，正しくは「みやさわ」で，濁らない．統計的決定理論に関する古典的概説.

吉野 諒三,「世論調査の歴史と理論と実践—データの科学の神髄—」,『データ分析の理論と応用』, Vol. 1, No. 1, 23-39, 2011 年.

サヴェジ氏が関心を持ったさらなる文献に関心のある読者は，「基礎論」の二つの文献表, Savage（1961a）の文献表，そして園（2000, 12 月）が役に立つかもしれない．

# 索　引

## あ
後出し ……………………………………1
ある近似式　an approximation formula ……20
安定推定の原理
　　principle of stable estimation …………11

## い
$E|F$　$E$ given $F$ ……………………………5
いくらまで支払う覚悟があるのか …………1
「1」の法則　rule of '1' ………………………3
一もってこれを貫く ……………………45
意味を持つ母数の全域 …………………11

## う
ウー　∅ ……………………………………2
裏か表かが「全く」無差別な一個のコイン
　　……………………………………35

## え
$A$ 上で定義されている $B$ の指示関数, $I_{B,A}$
　　……………………………………64
H1 ………………………………………28
H2 ………………………………………29
H3 ………………………………………29
H4 ………………………………………30
X に対する A 上の半期待値
　　partial expectation, E (X, A) ……56
エル・ツー・オメガ・エフ・ピー
　　$L^2(\Omega, \mathcal{F}, P)$ ………………………38

## お
大きな決定　grand decision ……………42
大きな世界　grand world ………………45
オピニオン　opinion ……………………49
オメガ　$\Omega$ ……………………………………2
オメガ・エフ・ピー　$(\Omega, \mathcal{F}, P)$ …………38

## か
確率　probability …………………………1
確率 P に関する個人的期待値 E(X) ……55
確率算の公理
　　axioms of probability arithmetic ……7
確率収束 …………………………………39
かけ金　stake ……………………………1
かけ率　betting quotient …………………1
可能な結果の全体 Csq ……………………44
貨幣　money ……………………………69
貨幣的な価値尺度 ………………………43
貨幣の効用 ………………………………9
加法法則　addition rule ………………4, 31, 59
還元定理　reduction theorem ……………31
「観察　observation」による学習　learning
　　……………………………………54
観察値 ……………………………………11
完全加法性 ……………………………38, 59

## き
義 …………………………………………45
基準対　reference pair ……………………29, 31
「基礎論」 …………………………………90
期待効用　expected utility ………………32
期待効用最大化の原理 …………………57
期待値　expectation ……………………68
期待値作用素 ……………………………59
生粋の論理 ………………………………41
帰納 ………………………………………45
「帰納」の問題が決定の問題によって
　　追い出される ………………………45
規範的公準観
　　normative views of postulates …………42
帰無仮説　null hypothesis ………………19
帰無仮説に対する信念の程度 …………21
窮極的な「むくい」 ……………………44
狭義の効用関数 …………………………55
ギリース　Gillies, Donald …………………9

101

## く

空事象 vacuous event ……………………2
偶然………………………………………45
「偶然」を持ち出す必要はない……………45
区間 interval……………………………69
区間合併 finite union of intervals………27
くじ lottery……………………………26
グッド Good, Irving John………………9

## け

計算可能な実数の全体……………………17
結果 consequence……………………26,44
現象…………………………………………2
現状維持 the status quo…………………33

## こ

行為 act…………………………………44
行為比較 comparison of acts……………32
交換可能 exchangeable…………………38
交換可能な事象列…………………………78
公準 postulate の合理的根拠……………43
効用関数…………………………………54
効用関数の有界性…………………………68
「合理的な」You の内部事情………………35
心のコンパス……………………………45
個人的確率 personal probability……48,59
個人的確率Pに関する期待値作用素……55
個人的確率の抽出…………………………92
個人的合理性 personalistic rationality…23
個人的合理性の観点からは帰無仮説の
　棄却に無理があるが，有意性検定で
　は棄却に傾く……………………………22
「個」における純粋経験……………………44
「個」に宿る「心のコンパス（compass,
　羅針盤）」………………………………45
この世界 the world……………………44
コモン・センス common sense………22,69
コルモゴロフの公理系 Kolmogorov system
　………………………………………38
根元事象 elementary event…………2,26

## さ

最小限の合理性……………………………3

最適な選択肢……………………………35
サヴェジ，レナード・ジミィ
　Leonard Jimmie Savage
　………………………9,11,18,22,36,39,41
サヴェジ自身の発案………………………55
サヴェジ氏の期待値作用素 $E(\cdot)$………68
サヴェジ氏の思索…………………………97

## し

シー She……………………………………1
嗜好 taste………………………………48
事後的選択を「事前に」用意しておく……35
事後的に近似される………………………11
事後の確率比……………………………21
指示関数(定義関数) indicator, $I_A$………56
事実上の不合理…………………………69
事事物物に即して展開される論理………41
事象…………………………………2,44,59
事象 $F$ が与えられている場合の，
　事象 $E$ に関する取引……………………5
自身の期待効用を最大化する……………56
自身の期待効用を最大化せよ……………57
自身の純粋経験を一定に保つ……………48
自身へと課す規範…………………………43
自然数系列を添数集合とする場合の
　選択公理…………………………………77
自然淘汰 natural selection………………88
事前の確率比……………………………21
事前分布…………………………………11
実際上不可能 virtually impossible……46,47
実証的見地………………………………83
実数直線…………………………………69
事物論理…………………………41,45,57
事物論理の一角を定式化………………56
事物論理の部分的な定式化……………41
自由な多様性…………………………33,55
従属選択の原理
　principle of depending choice………52
収入 income……………………………44
主観確率…………………………………78
主観主義…………………………………78
「主観的な」見積りが「整合的である co-
　herent」…………………………………77

索　引　103

「循環」は不合理であり「過ち」である
　　…………………………………… 43
順序を弱く保つ……………………… 65
純粋数学……………………………… 45
純論理……………………………41, 45
純論理の達人である「その個人」…… 56
賞　prize ………………………44, 48
生涯にわたるポリシー…………42, 44
条件つき確率　conditional probability
　　……………………………5, 34, 53
条件つき確率を定めるこの等式……… 53
条件つき「かけ率」…………………… 5
条件つき期待効用…………………… 35
条件つき選好の概念………………… 46
条件つきの期待値作用素…………… 56
条件つきのくじ券…………………… 5
状態　state ………………………… 44
乗法法則　multiplication rule……5, 6, 53
商量の原理　the sure-thing principle …… 46
「真の」確率………………………… 39
真の状態, *………………………… 44

## す

推移性　transitivity ……………29, 43
図式的表現　diagrammatic representation
　　…………………………………… 35
スター　*…………………………… 44

## せ

生起した後…………………………… 35
生起する前…………………………… 35
精神…………………………………… 45
精密測定の原理
　　principle of precise measurement ……11
積分…………………………………… 68
積分の定義…………………………… 61
積分論………………………………… 27
積極的な選好　positive preference ……… 42
積極的な選好　positive preference（＜）の
　　特徴づけ………………………… 51
線形性………………………………… 66
先験的な　a priori ………………… 88
選好　preference ………………26, 42

選好される　be preferred to ……27, 42
選好されるには非ず　be not preferred to
　　………………………………26, 42
前事後分析　preposterior analysis ……34, 35
全事象　universal event ……………… 2
選択公理……………………………… 70
選択公理を制約していく道………… 70
セント・ペテルスブルグの逆説
　　St. Petersburg paradox………… 69

## そ

相対的に穏やか…………………11, 14
相対的に集中的…………………11, 14
測量 a　scaling 'a'………………29, 33
測量 b　scaling 'b'………………… 29
測量可能性　scaling………………… 28
「その個人」'the person'…………… 41
「その事象」の「その確率」を，You は黙
　　然と定める…………………… 37

## た

第一公準 P1 ………………………… 43
第二公準 P2 ………………………… 46
第三公準 P3 ………………………… 48
第四公準 P4 ………………………… 49
第五公準 P5 ………………………… 49
第六公準 P6 ………………………… 52
第七公準 P7 ……………………55, 68
代替可能性　substitutability………… 30
対立仮説　alternative hypothesis ……… 19
互いに排反　mutually exclusire, disjoint ……4
「他者」の存在……………………… 25
ダッチ・ブック　Dutch book（D. b.）…2, 3
ダッチ・ブック（D. b.）排除の原則………2, 7
単純な順序　simple ordering ……… 43
単調収束定理………………………… 60
単調性　monotonicity……………… 28
単なる「このみ」…………………… 42

## ち

小さな世界　small world…………45, 93

## て

定義域に関する加法性 ･････････････････ 64
定義関数 indicator function, defining function ････････････････････････････････ 16
定数的 constant ･････････････････････ 26
定数的の行為 ･････････････････････････ 48
定性的個人的確率 ･････････････････････ 50
定性的個人的確率の定義 ･･･････････････ 49
定量化可能性 ････････････････････････ 36
定量的確率 P が精密である ････････････ 51
定量的確率 P が定性的確率 ≤ に一致する
 ････････････････････････････････････ 51
ティルデ tilde ･･･････････････････････ 19
できごと････････････････････････････････2
デデキント
 Dedekind, Julius Wilhelm Richard ･･････ 76
デデキント切断の原理 ･････････････････ 69
デ・フィネッティ，ブルーノ
 Bruno de Finetti ･･･････････････････ 9, 59
デ・フィネッティの表現定理
 de Finetti's representation theorem
 ･････････････････････････････････ 38, 78

## と

ドゥグルート DeGroot ･････････････････ 17
統計家････････････････････････････････ 70
同値である equivalent ･････････････････ 27
同等に確からしい equally probable ･････ 77
等分割補題 ･････････････････････････････ 52
凸性 convexity ･･･････････････････････ 3

## な

長さ length ･･････････････････････････ 32

## は

ハーン-バナッハ Hahn-Banach の拡張定理
 ･･････････････････････････････････････ 69
バナッハ Banach 極限 ･････････････････ 59
バナッハ-タルスキーの逆理
 Banach-Tarski paradox ･････････････ 70
半期待値 partial expectation ･･････････ 68

## ひ

P6 ･･････････････････････････････････ 52
P6′ ･････････････････････････････････ 50
P 値 P-value ････････････････････ 21, 22
比較可能性 comparability ･･････････････ 43
微小な賞 ････････････････････････････ 25
標準基 canonical basis ･････････････････ 28
標準性 canonicity ･････････････････････ 28
頻度論的見解 frequentistic view ･･･････ 39

## ふ

フォン・ノイマン-モルゲンシュテルン
 von Neumann-Morgenstern 効用，
 vN-M 効用 ････････････････････ 26, 33, 34
不確定性に直面した場合 ･･････････････ 42
「不動の」行為 ･･･････････････････････ 48
部分的一意性 partial uniqueness ･･･････ 31
部分的な論点の先取り ････････････････ 36
プラット-ライファ-シュレイファ
 Pratt-Raiffa-Schlaifer ･････････････ 26, 35
分割 partition ･････････････････････ 2, 27, 47
分割に基づくくじ ････････････････････ 33
分割法則 partition rule ････････････････ 4

## へ

平均値の定理 ････････････････････････ 63
ベイズ・ルール Bayes' rule ･････ 6, 12, 20, 53

## ほ

母数 ････････････････････････････････ 11
本来の一意性 uniqueness proper ････ 31, 32

## ま

マキシム maxim ･･････････････････････ 43

## み

未知固定確率
 unknown but fixed probability ････ 37, 78
密度関数 ････････････････････････････ 11
宮沢光一 ････････････････････････････ 22

## む

「むくい」としての結果 ･･････････････ 44

「むくい」としての純粋経験 …………… 44
無作為化 ……………………………………… 26
無差別性の仮定は論理的に受け入れ難い
　………………………………………………… 51
無差別性の非自明性
　difficulty of indifference ……………… 25
無差別である indifferent ………………… 27

### め
面積 area ……………………………………… 27

### も
目的の設定 …………………………………… 45

### ゆ
ユー You ……………………………………1, 9
You から見た場合の She の取り分の期待値
　…………………………………………… 7, 8
(You にとっての) 確率 ……………………… 7
You は「その確率」を自身で定めることが
　できる ……………………………………… 37
有意性検定 significance test ………… 19, 21
有限加法性 ……………………………… 38, 59
尤度 likelihood …………………………… 80
尤度関数 ……………………………… 11, 80
尤度原理 likehood principle ………… 74, 80

### よ
余事象 complement …………………………… 2
読まれざる古典 ……………………………… 56

「より確からしい」という判断の様式 ……49
より確からしいには非ず
　not more probable than ………………… 49

### ら
ライファ Raiffa, Howard ………………… 87
ライファによる固定化
　a fixation by Howard Raiffa …………… 19

### り
立志達悟 ……………………………………… 45
立志達悟の現実的果実 ……………………… 45
理念物 ………………………………………… 41
リンドレー Lindley, Dennis Victor …22, 85
リンドレー–サヴェジの論法
　the Lindley-Savage argument ………… 74

### る
ルベーグ Lebesgue 式の近似和 ……… 56, 60

### れ
霊性 …………………………………………… 45

### ろ
『論語』………………………………………… 45
論点の先取り ………………………………… 25
「論文集」……………………………………… 90

### わ
若き日の de Finetti の流儀 ………………… 9

著者略歴
園 信太郎（その しんたろう）
1956 年　東京に生まれる
1975 年　神奈川県立湘南高校卒業
1979 年　東京大学理学部数学科卒業
1984 年　北海道大学経済学部 助教授
現　在　北海道大学大学院経済学研究科 教授
　　　　理学博士

2014 年 5 月 15 日　第 1 版発行

確率概念の近傍
ベイズ統計学の基礎をなす確率概念

著　者 ©園　信太郎
発行者　内田　　学
印刷者　山岡　景仁

発行所　株式会社　内田老鶴圃　〒112-0012 東京都文京区大塚3丁目 34-3
　　　　電話（03）3945-6781(代)・FAX（03）3945-6782
http://www.rokakuho.co.jp/ 　　　　印刷・製本/三美印刷 K.K.

Published by UCHIDA ROKAKUHO PUBLISHING CO., LTD.
3-34-3 Otsuka, Bunkyo-ku, Tokyo 112-0012, Japan

U. R. No. 605-1

ISBN 978-4-7536-0121-9 C3041

## 数理統計学 基礎から学ぶデータ解析
鈴木 武・山田作太郎 共著　A5・416頁・定価（本体3800円+税）

## 数理論理学 使い方と考え方：超準解析の入口まで
江田勝哉 著　A5・168頁・定価（本体2900円+税）

Sneath & Sokal
## 数理分類学
西田英郎・佐藤嗣二 訳　A5・700頁・定価（本体15000円+税）

## 統計入門 はじめての人のための
荷見守助・三澤 進 共著　A5・200頁・定価（本体1900円+税）

## 統計データ解析
小野瀬宏 著　A5・144頁・定価（本体2200円+税）

## 統計学 データから現実をさぐる
池田・松井・冨田・馬場 共著　A5・304頁・定価（本体2500円+税）

## 社会のなかの統計学
池田貞雄・西田英郎 共著　A5・264頁・定価（本体2200円+税）

## 計算力をつける微分積分
神永正博・藤田育嗣 著　A5・172頁・定価（本体2000円+税）

## 計算力をつける微分積分 問題集
神永正博・藤田育嗣 著　A5・112頁・定価（本体1200円+税）

## 計算力をつける線形代数
神永正博・石川賢太 著　A5・160頁・定価（本体2000円+税）

## 計算力をつける微分方程式
藤田育嗣・間田 潤 著　A5・144頁・定価（本体2000円+税）

## 計算力をつける応用数学
魚橋慶子・梅津 実 著　A5・224頁・定価（本体2800円+税）

http://www.rokakuho.co.jp/